日本温泉科学会 大沢信二・西村 進 ◉編

# 温泉と地球科学

温泉を通して読み解く地球の営み

ナカニシヤ出版

**口絵1** 火山に湧く冷たい炭酸泉の例【A〜C】。A：雲仙火山の刈水鉱泉（長崎県雲仙市小浜町），B：姫島火山の拍子水温泉〈姫島鉱泉〉（大分県東国東郡姫島村），C：九重火山の白水鉱泉（大分県由布市庄内町）。水から遊離した二酸化炭素（$CO_2$）の気泡が認められる。また，$CO_2$の脱ガスによって析出した炭酸カルシウム（$CaCO_3$）や溶存鉄イオンの空気酸化によって（$4\cdot Fe^{2+} + O_2 + 4\cdot H^+ \to 4\cdot Fe^{3+} + 2\cdot H_2O$），褐色の沈殿物が析出していることもある。写真Dは，非火山性の冷たい炭酸泉（有馬温泉の銀泉源）で，火山性のものと見た目には区別が難しい。[撮影：大沢信二]

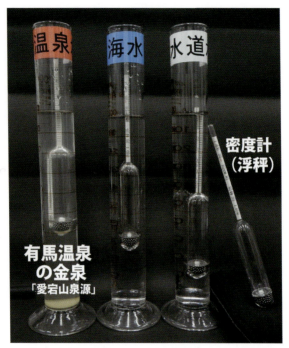

**口絵2** 密度計（浮秤：浮きばかり）を使って，高塩分の温泉水（有馬温泉の金泉）と海水の密度の違いが目に見えるようにした実験【可視化実験】。検水に浮かべた浮秤が浮くほど，その検水の密度は高いので，この実験から有馬温泉の金泉は海水よりも高密度であることが一目で分かる。なお，浮秤の目盛りから読み取った密度（g/cm$^3$）は，有馬温泉の金泉が 1.036，海水が 1.026，水道水は 1.000 であった。［撮影：大沢信二］

**口絵3** 中川温泉付近（中川川）の状況。川沿いには温泉場が点在している。［撮影：小田原啓（提供：板寺一洋）］

**口絵4** 中川川の河床に露出している緑色片岩。片理が発達している様子が観察できる。丹沢山地の中央部に貫入した深成岩体による比較的弱い変成作用を受けて形成された。［撮影：小田原啓（提供：板寺一洋）］

**口絵5** インドネシア・ジャワ島にある Pancuran Pitu のトラバーチン。源泉から約180m堆積しており，写真は中腹にある急な傾斜を写したもの。［撮影：髙島千鶴］

**口絵6** 温泉井戸での水位データ回収の様子。［撮影：柴田智郎］

**口絵7** 松之山温泉鷹の湯3号源泉とバイナリー発電施設。
[撮影：地熱技術開発株式会社（提供：渡部直喜）]

**口絵8** 松之山温泉の高温泉のひとつ，湯坂温泉の源泉。[撮影：渡部直喜]

**口絵9** 有馬温泉には主要な6金泉(天神,妬,極楽,御所,有明1号,有明2号)が狭い範囲に湧出している。湧出温度は92℃以上で含有成分が極めて濃い。そのためにメンテンナンスが極めて難しい。そのうちの妬泉源は作業のできる面積が非常に狭く,他の泉源のように大きな「まち」が作れず,上の写真のように木製の小さな「まち」(②)に95℃程度の湯が入り,沈殿を落とし,さらに小さい木製の「まち」(①)から配湯されている。勢いが強いので「まち」②ではその勢いのため湯が高スピードで湧出し,まちの中で湯が回転している。数か月放置すると縞状の沈殿とその上部を回転する湯でボール状の沈殿ができる(左下)。この沈殿に希塩酸を入れるとすべて融け固形物を残さない(右下)。
[撮影:西村進]

# まえがき

　本書を企画したのは，共同編者の西村進先生から「前に出した『温泉科学の最前線』と『温泉科学の新展開』（ともにナカニシヤ出版）はよく読まれていて，出版社から次を出したらどうかと誘われているけど，考えてみないか？」ともちかけられたのがきっかけでした。西村先生も私も，長年，大学の地球科学の分野に身をおいてきたということにも関係するのですが，出版の話がもちあがったころ，もともと温泉科学を専門としない地球科学の研究者が温泉に関心をもって自身の研究との関係について言及したり，ときとして垣根を越えて温泉自体を研究対象にしたりと，ある意味での温泉科学の変革期にあったことから，「温泉と地球科学」をテーマにした話題だけを集めたものにすることにしました。

　また，温泉の自然科学的側面に興味をもっていらっしゃる一般の方や大学で地球科学の分野に進んだ学生さんだけを読者として想定するのでなく，温泉に関心をもつ地球科学の研究者の方々にも手に取っていただけるような内容の本にすることを目標にしました。

　そして，通読しないでも良いように，複数の著者による話を集め，各話が1話完結となるオムニバス形式を採用することにし，温泉に関わる地球科学現象に興味をもち，温泉を通して地球の営みを理解しようと日々研究に勤しんでいる5名の現役研究者に声をかけ，西村先生と私を含めた7名で本書の執筆に臨みました。このようにしてできあがったのが，本書『温泉と地球科学—温泉を通して読み解く地球の営み—』です。

今回も読者の皆さんの理解の助けになるように，話題に関係したカラー写真を口絵として掲載しました．その一方で，ただ眺めるだけのものにならないように，カバー写真についてやや詳しい説明文を準備し，巻末に載せています．

　この本に収められた7つの話は，前述のように，（ほぼ）独立した内容ですので，どれから読んでいただいてもかまいませんが，前もって断わっておかなければならないことがひとつあります．それは，第2章「沈み込むプレートに辿り着く温泉」と第7章「有馬温泉の「金泉」―金泉はどのようにして地表に現われるか―」についてです．これらは，ともに，「海洋プレートがマントルに深く沈み込む「沈み込み帯」と呼ばれる場所の地下深くで発生していると考えられている水「スラブ脱水流体」が，温泉の起源水のひとつになっている」という地球科学の最前線でもある研究を紹介したものです．研究のねらいと得られた結論は同じですが，それらの研究は互いに独立したもので（実を言うと，これら以外にも同時期に同じテーマで進められていた研究が存在します），研究対象とした温泉，アプローチの方法や思考過程などが異なりますので，あえて手を加えずに別の話として掲載することにしました．本来であれば，読者のみなさんに無用な混乱を与えないように，編集の段階で何らかの調整をして掲載すべきかとは思いましたが，研究の実態を尊重し，この部分だけ特別扱いにしたということをご理解いただければ幸いです．

　本書を手にした読者のみなさんに，温泉を通して地球の息吹を感じる面白さを知っていただくことができれば私たち執筆者一同にとってこの上ない喜びであり，さらに，この本がきっかけとなって「温泉と地球科学」をテーマにした研究がますます盛んに行なわれることになれば心嬉しいです．共同執筆者のみなさんは，本務でお

忙しいにもかかわらず，今回の執筆依頼を早々に快諾され，貴重な写真まで提供して下さいました。また，本書の編集作業にあたっては，執筆者のひとりである網田和宏氏の協力を得ることができました。冒頭に紹介した共同編者の西村進先生には，ナカニシヤ出版との連絡・調整を一手にお引き受けいただきました。先生抜きでは本書が世に出ることはなかったと思います。最後になりましたが，ここに記して感謝申し上げます。

大沢信二

# 目　　次

　口　絵　*i*

　まえがき　*vii*

## 第1章　火山に湧く冷たい炭酸泉 ……………………………3
　　　　　（大沢信二）

　1　はじめに　3
　2　炭酸成分の起源を知る方法　6
　3　火山の地下水研究への応用　8
　4　冷炭酸泉の分布と火山体の年齢　18
　5　姫島火山の鉱泉の研究　22
　6　姫島火山の明神山の噴出年代　26
　7　おわりに　28

## 第2章　沈み込むプレートに辿り着く温泉 ……………………37
　　　　　（網田和宏）

　1　はじめに　37
　2　温泉の起源を追って　38
　3　中央構造線沿いの塩水を狙って　44
　4　温泉「水」の起源を探る　47
　5　溶存成分が示すもの　52
　6　付随ガスの起源を読み解く　55
　7　温泉起源流体の正体は？　59
　8　温泉の湧出母岩に関する考察　60
　9　深部起源流体と中央構造線との関係　65
　10　おわりに　66

## 第3章　高アルカリ性温泉水〈丹沢山地〉 …………… 72
　　　（板寺一洋）

1　はじめに　72
2　丹沢山地と周辺の温泉・鉱泉地の概要　74
3　高アルカリの特徴はどうして生まれたか？　76
4　温度はどうやって獲得したのか？　90
5　まとめ　93

## 第4章　太古の海洋環境の手がかりになる湯の花 …………… 96
　　　（髙島千鶴）

1　はじめに　96
2　トラバーチンの沈殿機構　98
3　入之波温泉の研究例　100
4　太古の海洋環境の復元を目指して　109
5　おわりに　112

## 第5章　温泉の水位変化で地殻を診断 …………… 118
　　　（柴田智郎）

1　はじめに　118
2　地下水の動き　119
3　地下水位の変動　121
4　温泉の水位観測　125
5　地震に伴う水位変化　126
6　潮汐と気圧に伴う水位変化　128
7　歪に対する応答係数　130
8　おわりに　133

## 第6章　日本のジオプレッシャー型温泉 …………… 137
　　　——新潟県松之山温泉の例——
　　　（渡部直喜）

1　はじめに　137

2　新潟県の石油・天然ガス付随水　139
3　松之山温泉の特徴　144
4　まとめ　156
5　おわりに　157

## 第7章　有馬温泉の「金泉」……………………………………164
### ——金泉はどのようにして地表に現われるか——
（西村　進）

1　まえがき　164
2　有馬温泉の概要　165
3　金泉はどのようにして湧出しているのか　168
4　地球岩圏内の「水」流体の働き　179
　　——まとめに代えて——

\*

カバー写真の解説（大沢信二）　182

あとがき　188

# 温泉と地球科学
―― 温泉を通して読み解く地球の営み ――

第1章

# 火山に湧く冷たい炭酸泉

大沢信二

　火山性の炭酸泉は火山活動の末期あるいは終息地帯に見られ，活火山の多い日本では，地温が低くなる火山の周辺部に限定的に存在するとされています。ところが，炭素同位体を利用した最新の火山の地下水研究から，マグマ起源の二酸化炭素（$CO_2$）を豊富に含む冷泉が，もっとも若い山体の周辺に分布する場合があることが判明しました。この章では，その研究成果を，実際の研究の流れに沿って紹介します。

## *1*　はじめに

　泉質名に詳しい方でもなければ，火山に湧き出す炭酸泉と言えば，普通は，炭酸水素イオン（$HCO_3^-$）に富む温泉水を思い浮かべることと思います[1]。それは，蒸気性温泉とも呼ばれ，図1の模式図に示すように，マグマの関与で生成したナトリウム‐塩化物（Na-Cl）タイプの高温熱水から，沸騰によって発生した二酸化炭素（$CO_2$）などを含む水蒸気が雨水起源の地下水に混入して生じたものです。

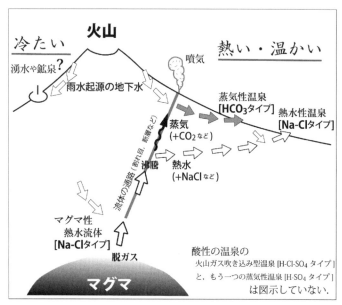

マグマ性熱水流体に由来する高温熱水［Na-Clタイプ］の沸騰によって発生する二酸化炭素（$CO_2$）を含む蒸気が，雨水起源の地下水に混合して生成する。

**図1　火山における炭酸成分に富む温泉［$HCO_3$タイプ］の一般的な生成機構**

ところが，火山には，「かなり」と言ってもよいくらいの頻度で，**口絵1**の写真に示すように，$CO_2$の気泡を伴って湧出する冷たい炭酸泉が存在します。**表1**に，一般にもよく知られていて，水温や水質のデータが得られているいくつかの例を示しました。「火山は水瓶」と言われるぐらい地下水の豊富なところで，私が住む大分県別府市の背後にそびえる鶴見火山にもよく知られる湧水があり，その代表的なもののデータも**表1**に合わせて示しました。表中の$pCO_2$の欄に注目してください。$pCO_2$とは二酸化炭素ガス（$CO_2$）平衡分圧と呼ばれる化学量です。pH，炭酸水素イオン濃度［$HCO_3^-$］と水

表1 科学データが得られている火山に湧く冷炭酸泉の例

| 名称 | 所在の火山 | 所在する県 | 水温(℃) | pH | [$HCO_3^-$] (mg/L) | $pCO_2$* (atm) | 文献 |
|---|---|---|---|---|---|---|---|
| 刈水鉱泉 | 雲仙火山 | 長崎県 | 24.7 | 5.7 | 173 | 0.39 | 大沢ほか (2002) |
| 白水鉱泉 | 九重火山 | 大分県 | 7.9 | 5.8 | 152.6 | 0.21 | 河野 (2002) |
| 湯之元温泉 | 霧島火山 | 宮崎県 | 21.6 | 5.8 | 1382 | 2.3 | 温泉分析書(1988) 宮崎県衛生研究所 |
| 池田鉱泉 | 三瓶火山 | 島根県 | 22.1 | 6.8 | 1523 | 0.26 | 安藤 (1959) |
| 【通常の湧水の例】 | | | | | | | |
| 猪の瀬戸湧水 | 鶴見火山 | 大分県 | 16.7 | 7.8 | 80.8 | 0.020 | 河野 (2002) |
| 万太郎清水 | | | 14.6 | 7.2 | 53.2 | 0.0032 | |

\* $pCO_2$：二酸化炭素ガス（$CO_2$）平衡分圧。詳細は本文を参照
参照のために，火山の通常の湧水のデータも掲載した。

温から計算される値で，地下水が溶解平衡にある仮想的な気層中の二酸化炭素濃度（濃度単位を分圧 atm にとる）に換算して表わしたものです。通常でも地下水の $CO_2$ 平衡分圧は大気の $CO_2$ 濃度（0.0004 atm）よりも高いので（表中下段の通常の湧水のデータを見てください），地下水を採取して放置すると $CO_2$ が気泡となって遊離してきて $CO_2$ 平衡分圧の低下などが起こります。つまり $pCO_2$ は $CO_2$ の気泡の発生しやすさを知ることができる"バロメータ"であるということになります。表1の上段に示した鉱泉（湯之元温泉は水温的には鉱泉に分類されます）の $pCO_2$ 値からは $CO_2$ の泡を伴いやすいということを感じ取ることができますが，実際，$CO_2$ の気泡を見ることができ，研究用に採取も行なわれています。

そのような火山に湧く冷たい炭酸泉は，どのような仕組みで生じているのでしょうか？ それを知ることが本研究の究極の目標なのですが，当初はどう取り組んだらよいか分からなかったので，もう少し具体的に「$CO_2$ の起源はマグマなのか？ そうだとしたら，火山全域で，マグマ起源の炭酸成分に富む地下水の分布はどうなって

いるのか？」を目先の目標にして研究に取りかかることにしました。では，地下水に含まれるマグマ起源の炭酸成分は，どうやって識別したらよいでしょうか？　次節で，実際の研究で使った方法について，導入の経緯も含めて説明することにしましょう。

## 2　炭酸成分の起源を知る方法

地下水に含まれるマグマ起源の炭酸成分を識別する方法を考え出すのに参考にしたのは，水谷義彦先生（当時，富山大学）が著わした，富山県の扇状地地下水の炭酸成分の同位体水文学的研究に関する解説でした（水谷，1995）。図2のAに，先生が示された図を，データ・ポイントを割愛し，簡略化して示しました。横軸に溶存全炭酸（DIC〔Dissolved Inorganic Carbon〕）の濃度の逆数を，縦軸に溶存全炭酸（DIC）の炭素同位体比（$\delta^{13}C$）[2]をとったグラフで，$\delta^{13}C = 6.55 \times (1/DIC) - 22.9$ で表わされる直線が示されています。この直線は，実際の地下水データ・ポイント間の関係が簡単な一次方程式（$y = a \times x + b$）で表わされるとし，もっとも確からしいと考えられる関係式の定数（a, b）を最小二乗法という近似方法で求めたものです。その求められた直線の右端付近に扇状地の河川水のデータがプロットされ，その一方で，直線のy切片の$\delta^{13}C$値（$-22.9$‰）が土壌$CO_2$のそれの範囲（$-25 \pm 2$‰）にあることから，水谷先生は，この直線関係をもとに，扇状地の地下水の炭酸成分（溶存全炭酸：DIC）の濃度と炭素同位体比（$\delta^{13}C$）は，河川から涵養された地下水に一定の$\delta^{13}C$値をもった炭酸成分が加わることによって変化し，加わる炭酸成分は土壌$CO_2$起源であると説明されました。

私は，これを参考にし，土壌$CO_2$を溶存させた通常の地下水に，

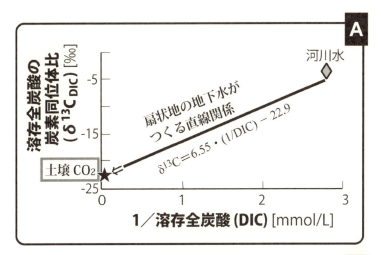

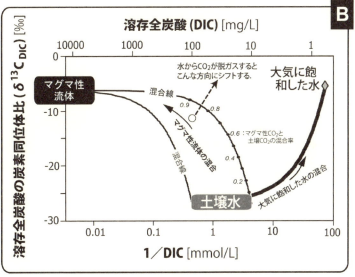

【A】富山県の扇状地地下水中の炭酸成分の濃度と炭素同位体組成の間に見られる関係（水谷〔1995〕の図6を簡略化）．【B】土壌$CO_2$を溶存させた通常の地下水に，マグマに由来する$CO_2$が混入した場合に，地下水中の炭酸成分の濃度と炭素同位体組成の間に見られると予想される関係。右半分に表わした，大気に飽和した水と土壌水の混合線は，上図（A）の直線関係（河川水と土壌$CO_2$の混合線）に対応する．

**図2　地下水の溶存全炭酸（DIC）の起源などを知るための図的解析法**

マグマに由来する $CO_2$ が混入した場合，火山性の $CO_2$ の $\delta^{13}C$ 値は土壌 $CO_2$ のそれより高い（たとえば，$-2.5 \sim -12$ ‰：Fischer et al., 1997）ことから，DIC 濃度と $\delta^{13}C$ 値をともに増加させ，**図2**のBに模式的に表わすような関係が得られるはずだと考えました。ここで，図中の土壌水（土壌 $CO_2$ を溶存させた地下水）の値の範囲，特に濃度範囲は1ケタほどの幅をもち，マグマ起源 $CO_2$ との混合関係は，単一の線ではなく，マグマ性流体と多数の土壌水の混合線の集まりとして描いてあります。そのわけについては次節で説明することにしますので，とりあえずここではこれから後のために，「この考え出した"地下水中のマグマ起源炭酸成分の混入判定図"で重要なことは，土壌水にマグマ由来の $CO_2$ が混入していれば，混入率が高ければ高いほどマグマ性流体と記された領域にデータ・ポイントが寄っていくことである」ということを，しっかりと覚えておいてください。なお，混合線が曲線になっているのは，横軸を対数表示にしているからであり，**図2**・Aと同様に等間隔目盛りにすると直線になります。あえて対数目盛りにしたのは，前述のように，土壌水が範囲の広いDIC濃度をもつからで，本質に関わる内容ではありません。また，**図2**・B内の右半分に表わした大気に飽和した水と土壌水の混合線は，**図2**・Aの直線関係（河川水と土壌 $CO_2$ の混合線）に対応しています。

## 3 火山の地下水研究への応用

前節で述べた方法を，私たちが主な研究フィールドとしている九州地方の活動的な火山に応用してみました。ひとつは，雲仙火山で，平成11年度から3か年計画で実施された科学技術庁振興調整費総合研究「雲仙火山：科学掘削による噴火機構とマグマ活動解明のた

めの国際共同研究（第1期）」の中で行ない，もうひとつは，九重火山で，大学院生の博士学位論文の研究の一部として行ないました。以下，この順に研究の内容と得られた結果を示します。

### (1) 雲仙火山

　雲仙火山は，九州の西部，長崎県の島原半島に位置する活火山で，安山岩やデイサイトからなる溶岩ドームや厚い溶岩流を主体とする，周囲のすそ野も含めて東西20 km，南北25 kmの広大な範囲を占めている複成火山です（星住，1999）。最近の噴火は，1990年から1995年にかけての噴火で，山頂部に溶岩ドームが生成し，その崩落によるメラピ型火砕流によって40名以上の死者・行方不明者を出した活動的な火山です。また，地殻変動も活発で，島原半島の中央部には，雲仙地溝と呼ばれる東西方向にのびる正断層群からなる地溝帯が発達し（図3），現在も南北に拡大しながら年間2 mmほどの速度で沈降を続けているとされています（星住，1999）。

　雲仙火山全体の地下水を網羅するように，図3に示した湧泉，浅井戸から地下水試料を採取し，参照のために，表1に掲げた刈水鉱泉からも試料水を採取しました。試料採取は，共同調査に参加したメンバーで手分けして行ないましたが，現地調査でリーダー格だった安原正也さんと河野忠さんからは，小川のはじまりは湧泉であることや，神社は湧泉の場所を探す手がかりになることなど水文調査について実に多くのことを実地で学ぶことができました。蛇足ですが，彼らの地下水の流出場所をかぎ分ける能力の高さに驚かされ，動物的な勘の持ち主なのではないかと仲間内で話題にしたほどでしたが，実際は彼らの頭の中にある多くの科学的な知識を総動員して探し求めているのだと思います。

　さて，採取した試料水の一部は水素・酸素同位体分析にかけられ，

気泡を伴って湧出する,この地域の代表的な冷炭酸泉(刈水鉱泉)のほか,断層や噴気地帯の位置も表わした.

**図3 雲仙火山の浅層地下水を採取した湧泉や井戸の位置**

集めた全ての地下水が雨水起源であることが分かりました(たとえば,安原ほか,2002)。炭酸成分関連の分析用試料は,私のところに集められ,溶存全炭酸(DIC)の濃度と炭素同位体組成($\delta^{13}C$)のデータを得ました(Ohsawa et al., 2002)。図2・Bの地下水中のマグマ起源炭酸成分の混入判定図に,全てのデータをプロットしたものを図4に示します。前節で,「図中のマグマ起源$CO_2$との混合関係は,

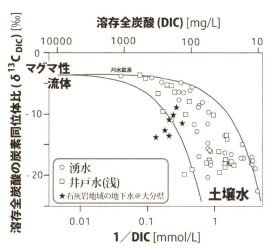

星印（★）は，石灰岩地域の地下水のデータ・ポイント。

図4　雲仙火山の浅層地下水（湧水・井戸水）と刈水鉱泉の溶存全炭酸（DIC）の濃度と炭素同位体比（$δ^{13}C$）の関係を表わしたDICの起源判定図

単一の線ではなく，マグマ性流体と多数の土壌水の混合線の集まりとして描いてある」理由を説明すると予告しましたが，グラフ上での地下水試料のデータ・ポイントの分布は，土壌水（土壌$CO_2$を溶存させた地下水）のDICが1ケタほどの濃度幅をもつことを示唆していて，それらとマグマ起源$CO_2$とが混合すると様々なDIC濃度をもつ土壌水の数だけ混合線ができるからです。なお，土壌水のDIC濃度のヴァリエーションは，土壌層の厚さ，土壌空気の$CO_2$濃度，雨水の土壌層内での浸透速度などによって生じていると考えられます。

それでは，図4に表わした判定図上のデータをじっくり見てみましょう。前章でも述べたように，この判定図の上では，土壌水にマグマ由来の$CO_2$が混入していれば，混入率が高ければ高いほどマ

第1章　火山に湧く冷たい炭酸泉　　11

グマ性流体と記された領域にデータ・ポイントは寄っていくので，DIC の濃度と $\delta^{13}C$ がともに高いものほど，マグマ起源 $CO_2$ の寄与が高いと言いたいところです。しかし，もし，地下水の流動層に石灰岩（$CaCO_3$）のレキなどが含まれていると，石灰岩の $\delta^{13}C$ は約 0 ‰と高いので（水谷，1995），下記の反応による $CaCO_3$ の溶解により地下水の DIC の濃度と $\delta^{13}C$ はともに増加し，土壌水（$CO_2$ + $H_2O$）の値より高い値の DIC に変わる可能性があります。実際にどのくらいの値の濃度と $\delta^{13}C$ をもつ DIC が生じるか，石灰岩地帯の地下水を分析して参考にしたのが，図中の星印（★）です。完全には重なりませんが，雲仙火山の地下水のデータ・ポイントの一部は，$CaCO_3$ と土壌水（$CO_2$ + $H_2O$）の反応の結果としても説明できてしまいます。

$$CaCO_3 + CO_2 + H_2O \rightarrow Ca^{2+} + HCO_3^-$$

後述するように，ヘリウムの同位体比（$^3He/^4He$）を同時に測定すると，上記の溶解プロセスでは，地下水中にマグマ起源の He の混入を指し示す高い $^3He/^4He$ 比の He は生じませんので，石灰岩（$CaCO_3$）の寄与を検証できます。しかし，当時は，ヘリウム同位体測定をすることができませんでしたので，次のように考えることで問題をクリアしました（Ohsawa et al., 2002）。それはとても単純なことで，星印（★）よりマグマ性流体側にプロットされる地下水は，そのような濃度・同位体組成を生み出すメカニズムが考えられないので，高い割合でマグマ起源 $CO_2$ の混入を受けた地下水であると考えられるという理屈です。その結果，気泡を伴って湧出する刈水鉱泉の DIC はマグマ由来であること，そして，湧出状況を見ただけではとても認識できませんが，雲仙火山にはマグマ起源 $CO_2$ の影響を強く受けた冷たい地下水が多数存在することを示すことができ

雲仙火山のマグマ性流体がもつと考えられる $\delta^{13}C$ 値（−4 ‰）を基準にして，−10 ‰と−15 ‰を境に 3 段階に区分して表わした。

**図5　雲仙火山の浅層地下水の溶存全炭酸（DIC）の炭素同位体比（$\delta^{13}C$）の分布図**

ました。

　図5は，マグマ起源 $CO_2$ の影響を強く受けた地下水がどんなところに分布するかを検討したものです。平成の噴火の際に現われた噴気のデータ（Kita et al., 1993）を参考に，雲仙火山のマグマ性流体がもつと考えられる $\delta^{13}C$ 値（−4 ‰）を基準にして，地下水の DIC の $\delta^{13}C$ を−10 ‰と−15 ‰を境に 3 段階に区分し，採取地点に色づ

けして表わしました。高い割合でマグマ起源 $CO_2$ の混入を受けた地下水の湧出地点は，黒く塗りつぶされたところですが，雲仙火山の東側の標高の低い，主要な断層である千々石断層と赤松谷断層に沿う場所に集中して分布しているように見え，断層がマグマから放出された $CO_2$ の地表への上昇通路になっているものと考えました (Ohsawa et al., 2002)。

## (2) 九重火山

九重火山は，大分県と熊本県の県境に位置する活火山で，急峻な溶岩ドーム群と小さな成層火山が集合してできた複成火山です。標高1700 m を超す山々からなり，地形的には，西から，湧蓋山系，久住山系，大船山系の3つに区分されます。最近の噴火は，333年ぶりに起こった1995年の水蒸気爆発で，噴火地点は久住山系に属する星生山でした。星生山の東方山腹に生じた東西約400 m の割れ目火口から火山灰混じりの火山ガスが多量に放出され，熊本市内でも降灰が認められました。九重火山には，その噴火前から，噴火地点の近傍に「九重硫黄山」と名づけられた最高300℃ほどの火山ガスを盛んに噴出させている地熱変質帯が存在しており（図6），非常に活動的な火山と言えます。

九重火山でも，火山全体の地下水を網羅するように，図6に示した白水鉱泉を含む湧泉，浅い井戸から地下水試料を採取し，参照のために長湯温泉からも試料水を採取しました。試料採取は，当時，私のところの大学院生だった山田誠さんといっしょに行ないましたが，下調べは，たいへんな苦労をして，山田さんがひとりでやってのけました。採取した試料水の一部は水素・酸素同位体分析にかけられ，この火山でも，採取した全ての地下水が雨水起源であることが分かりました（山田ほか，2003）。炭酸成分関連の分析用の試料水

図6 九重火山の浅層地下水を採取した湧泉・井戸，ならびに参照の温泉水を採取した長湯温泉の泉源の位置

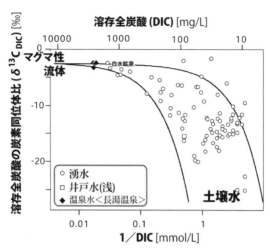

図7 九重火山の浅層地下水（湧水・井戸水）と参照温泉水の溶存全炭酸（DIC）の濃度と炭素同位体比（$\delta^{13}C$）の関係を表わしたDIC判定図

については，濃度測定は自ら行ない，同位体測定は，水素・酸素同位体測定と同じように，ニュージーランドの分析機関に依頼して測定してもらいました。そして，得られた溶存全炭酸（DIC）の濃度と炭素同位体組成（$\delta^{13}C$）のデータを，地下水中のマグマ起源炭酸成分の混入判定図（図2のB）にプロットしてみたのが，図7です。雲仙火山と同様に，マグマ起源$CO_2$の影響を強く受けた冷たい地下水が多数存在すること，その中にあって白水鉱泉のように気泡を伴って湧出する鉱泉水のDICは，もっともマグマ起源$CO_2$の寄与が大きいことが示されました。参照する目的で採取した長湯温泉の温泉水のデータ・ポイントの位置から，長湯温泉が白水鉱泉よりさらにマグマ性流体の影響を強く受けていることを知ることができました。なお，上側の混合線の外にはみ出したデータ・ポイントは，図2・Aに示したように，地下水が$CO_2$脱ガスをこうむって，同位

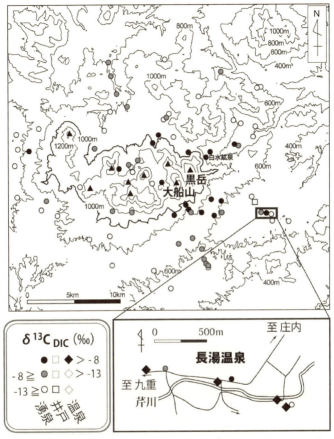

参照温泉水のデータ・ポイントからマグマ性流体の $\delta^{13}C$ 値を $-2$ ‰ とし,それを基準にして,$-8$ ‰と $-13$ ‰を境に3段階に区分して表わした。

図8　九重火山の浅層地下水（湧水・井戸水）の溶存全炭酸（DIC）の炭素同位体比（$\delta^{13}C$）の分布図

体分別を起こしたためと説明されました（山田ほか，2005；山田，2005）。

図8は，雲仙火山のところでやったような，マグマ起源 $CO_2$ の影

第1章　火山に湧く冷たい炭酸泉　　17

響を強く受けた地下水がどんなところに分布するかを検討したものです。長湯温泉の炭酸成分がマグマ性であること（岩倉ほか，2000）を念頭に，九重火山のマグマ性流体がもつと考えられる $\delta^{13}C$ 値（$-2$‰）を基準にして，DIC の $\delta^{13}C$ を $-8$‰と $-13$‰を境に 3 段階に区分し，採取地点に色づけして表わしました。高い割合でマグマ起源 $CO_2$ の混入を受けた地下水の湧出地点は，黒く塗りつぶされたところ，火山の東側，大船山系の周辺に集中的に分布していることが明らかとなりました（山田ほか，2005；山田，2005）。

前にも述べたように，高い割合でマグマ起源 $CO_2$ の混入を受けた地下水は，湧出状況を見ただけではとてもそうだとは認識できないものです。しかしながら，$CO_2$ の気泡を伴う鉱泉とは $pCO_2$（二酸化炭素ガス平衡分圧）のレベルが異なり（後者＞前者），気泡が目に見えて生じる生じないの違いがあるだけで，マグマ起源 $CO_2$ の影響を強く受けた冷たい地下水という点では同じと言えます。そこで本章では，以降，それらを「冷炭酸泉」と総称することにします。

## 4  冷炭酸泉の分布と火山体の年齢

九重火山の浅層地下水の溶存全炭酸（DIC）の炭素同位体比（$\delta^{13}C$）の分布図に現われたように（**図 8**），マグマ起源 $CO_2$ の影響を強く受けた冷炭酸泉の湧出地点は，この火山の東側の大船山系に多く分布する傾向がありました。その辺りは地熱兆候が豊富かというとそうではなく，むしろ，猟師岳の北方に開発された地熱発電所や湯坪温泉，筋湯温泉といった古くからの温泉地が存在する西部や，前述の火山ガスを常時噴出させている九重硫黄山が存在する中央部

で地熱兆候が豊富です。普通に考えると，火山活動や地熱活動の活発なところの地下水の方がマグマ起源 $CO_2$ の混入が顕著であってよさそうですが，そういう結果にならなかったのは意外でした。「これはいったいどういうことなのか？」研究が思わぬ方向に展開した瞬間でした。

九重火山は，前にも述べたように，溶岩ドームや小型成層火山からなる 20 座以上の小火山体が集合してできた複成火山ですが，東から西へ向かって古くなる傾向があります（図 9）。もっと詳しい火山地質年代の情報（たとえば，鎌田・池邊，1999；稲永ほか，2006）に目を通したところ，$\delta^{13}C$ 値の高い（> 8 ‰）マグマ起源の $CO_2$ の影響を強く受けた炭酸泉が集中的に分布する大船山系では，アカホヤ火山灰（6300 年前の広域火山灰）よりも新しい時代に段原火山が成長し，その山頂付近の米窪(よねくぼ)火口でスコリア噴火をくりかえし，大船山の山頂火口からも溶岩を流出させ（およそ 5000 年前），その東部にそびえる黒岳（溶岩ドーム）はわずか 1700 年前に形成された火山体であることを知りました。なんと，九重火山では，マグマ起源の $CO_2$ の影響を強く受けた炭酸泉は，地質学的に見ると，できたてホヤホヤの火山体に伴っていたのです。そこで，雲仙火山のデータについても同様な視点から見直してみました。

まず，雲仙火山の浅層地下水の溶存全炭酸（DIC）の炭素同位体比（$\delta^{13}C$）の分布図（図 5）をもう一度見てみましょう。$\delta^{13}C$ 値の高い（> 10 ‰），マグマ起源の $CO_2$ の影響を強く受けた炭酸泉の湧出地点は，「眉山周辺に多く分布する」と言えないこともないと思いませんか？　雲仙火山も，小さな火山体が集合してできた複成火山です。高岳や九千部岳(くせんぶ)などの浸食が進んだ古期の火山体（20～50 万年前）と，普賢岳，妙見岳，野岳など火山地形を比較的よく残す新期の火山体（10 万年前～現在）から構成されます（星住，1999）。図

第 1 章　火山に湧く冷たい炭酸泉

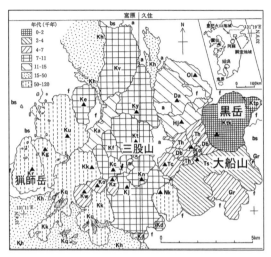

鎌田・池邊（1999）の図2-2を転載。
**図9　九重火山の山体の噴出年代**

10の地質図の濃いめの灰色に塗ってあるところが古期の火山体群で，黒っぽいところが新期の火山体群で，新しい火山噴出物は東側にかたよっているところは九重火山と似ています。同図には，採取された岩石試料の年代情報（K-Ar年代）も記載されていて，1万年（10 ka）より若い年代が得られた採取地点がいくつかあるのも見て取れます。そこで，ここでも，詳しい火山地質年代（たとえば，Watanabe et al., 1993；渡辺・星住，1995）を調べたところ，着目した眉山は，1990年代前半のマグマ噴火で生成した平成新山（溶岩ドーム）を除くと，およそ4000年前に生成した地質学的に雲仙火山でもっとも新しい火山体であることが確認できました。雲仙火山の東部の主要な断層沿いに地下水に溶けて流出しているマグマ起源の$CO_2$は，平成新山を形成させた新たなマグマに由来するのではなく，眉山の形成に関わったマグマに取り残された$CO_2$が，山体をはさ

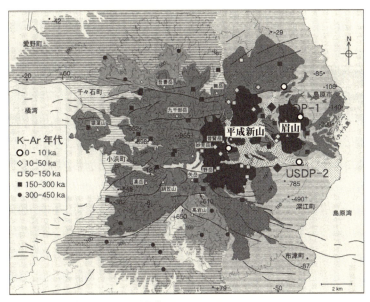

星住ほか（2002）の図1の一部を転載。
**図 10　雲仙火山の岩石の年代（K-Ar 法による）**

むように南北に分布する断層を使って上昇してきているということが考えられます。

　以上のように，九重火山と雲仙火山のいずれにおいても，マグマ起源の $CO_2$ の影響を強く受けた炭酸泉（マグマ起源 $CO_2$ が占める割合の大きい炭酸成分を含む地下水）が，地質学的に極めて新しい火山体に伴って分布・流出しているという新たな見解にいたりました。そうなると，他の火山でもそうなのかどうかを確かめたくなります。私たちは，九州東部に位置する国東半島の北方沖合およそ4 km にある姫島火山に存在する冷炭酸泉を調査・研究する機会を得たので，そこで検証してみることにしました。

第1章　火山に湧く冷たい炭酸泉

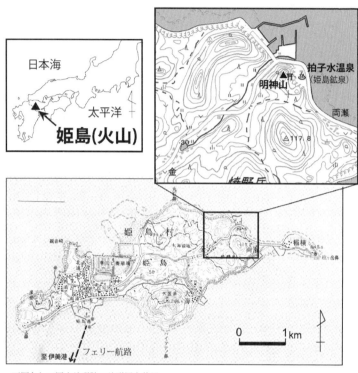

下図として国土地理院の地形図を使用。

**図11　姫島火山の冷炭酸泉「拍子水温泉」の位置**

## 5　姫島火山の鉱泉の研究

　姫島は，東西7km，南北4kmの東西に長い総面積6.87 km$^2$の小さな火山の島で（図11），約2200人の島民が沿岸漁業と車エビ養殖などを生業に暮らしています。この火山は，今から約20〜30万年前に始まった珪長質マグマの噴火活動によって形成され，マグマ

**表2　姫島火山・拍子水温泉の気泡（温泉付随遊離ガス）の化学・同位体分析データ**

| 温度 (℃) | $H_2O$を除くガス成分 | | | | | | $H_2O^*$ (％) |
|---|---|---|---|---|---|---|---|
| | $CO_2$ (％) | $N_2$ (％) | $H_2$ (ppm) | Ar (ppm) | He (ppm) | $CH_4$ (ppm) | |
| 拍子水温泉　25.0 | 98.4 | 1.56 | n.d. | 230 | 14 | 42 | 2.97 |

\*　水温（25.0℃）における水蒸気圧より計算．n.d.：検出されず

噴出箇所が異なる複数の単成火山よりなり，姫島単成火山群とも呼ばれています（伊藤ほか，1997）。姫島には，単成火山のひとつである金火山を形成する明神山の麓に，25℃を少し下回る温度で気泡を伴ってコンコンと湧き出し，湧出後に褐色の温泉沈殿物を析出させる「拍子水温泉」と名づけられた鉱泉が存在します（**図11**，**口絵1**）。現在の泉源は，海岸の埋め立てに伴って整備されたものですが，それ以前は一帯が砂浜で，海底からも湧出していたということです。その名は，日本書紀に登場する，後に比売語曽の神となるお姫様が「お歯黒を付けた後，口をゆすごうとしたが水がなく，手拍子を打って祈ったところ水が湧き出した」とする言い伝えによっていますが，伊能忠敬の一行が測量のために1810年頃に来島した際にこの鉱泉（赤水）の存在を確認し記録していますので，少なくとも200年近くも湧き続けているということになります。

この鉱泉で，水と気泡（温泉遊離ガス）をとって分析をしたところ（大沢ほか，2015），水は炭酸成分に富んだ雨水起源の地下水であり，気泡のほとんどが$CO_2$（二酸化炭素）からなることが確認できました（**表2**）。また，$N_2$（窒素）やHe（ヘリウム）などのガス成分がわずかに含まれていることも分かりましたので，まず，起源の特定がしやすいHeなどの希ガスの同位体測定を行ない，得られたデータを起源判定図（$^3He/^4He$比　対　$^4He/^{20}Ne$比の関係図）上にプロット

してみました(図12)。この図には,火山性ガスの代表として別府温泉の噴気ガスのデータ(大沢,2000)を合わせて表わしましたが,拍子水温泉付随ガスのデータ・ポイントは,現在のマグマ活動の産物である別府温泉の噴気ガスとよく似ていて,マントルHeに富んだマグマ性Heであることを示し,マグマとの相互作用において性質が似通っているとされる$CO_2$もマグマ起源である可能性が高いことを示唆しました。

さて,それでは拍子水温泉の$CO_2$がマグマに由来することを直接確かめるにはどうしたらよいでしょうか? ……そうです。もう説明は要りませんね。地下水の溶存炭酸のときと同じように,炭素同位体組成($\delta^{13}C$)を調べればよいのです。ただし,酒井ほか(2011)も言及しているように炭素同位体組成だけでは頼りないので,より確実性の高い,$^3$Heを併用したSano and Marty(1995)の方法を用いることにしました。また,温泉付随ガス(気泡)は温泉水から分離したもので,湧出する前は水に溶存していたと考えられますので,適当な方法で分離する前の値を求めました。[3]

揃えたデータを炭酸成分(DIC')の起源判定図($\delta^{13}C_{DIC}$対 DIC'/$^3$He比の図;Sano and Marty, 1995)上に,別府温泉の噴気ガスのデータ(大沢,2000)とともに表わしたところ(図13),マグマ起源だと判定できる辺りにプロットされました。詳細は大沢ほか(2015)に譲りますが,起源炭素(マントル,海成炭酸塩,堆積性有機物)の混合モデルの計算から,海成炭酸塩の混合率は65%と算出され(別府温泉の噴気ガスの場合は70%),海成炭酸塩起源$CO_2$の寄与が大きく,沈み込み帯のマグマの$CO_2$と同様に,海洋プレートの沈み込み運動によりマントル内に持ち込まれた海成炭酸塩($CaCO_3$)が分解して生じた$CO_2$であると言えます。火山活動開始から数十万年を経て熱的な活動がほとんど途絶えた現在でも,姫島火山の炭酸泉(拍

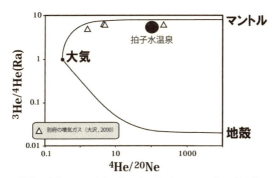

縦軸の単位 Ra は，大気の $^3$He/$^4$He 比（$1.39 \times 10^{-6}$）で割り算（規格化）したもの。上側の線は大気とマントル成分の混合線，下側の線は大気と地殻成分の混合線を表わす。参照データとして，地理的にもっとも近いところにある，現在の火山活動に伴った噴気ガスの放出が見られる別府温泉のものを表わした。

**図 12　姫島火山・拍子水温泉の気泡（温泉付随遊離ガス）の $^3$He/$^4$He vs. $^4$He/$^{20}$Ne（ヘリウム同位体比対ヘリウム／ネオン比）の関係**

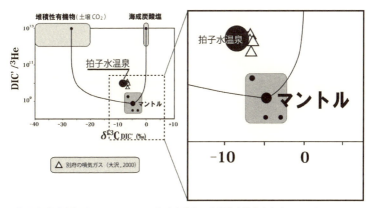

起源物質（端成分）に，マントル，海成炭酸塩，堆積性有機物を想定しており，それぞれの混合線が図中に示してある。参照データとして，別府温泉の噴気ガスのものを表わした。

**図 13　姫島火山・拍子水温泉の炭酸成分の起源判定**

子水温泉）ではマグマ起源の $CO_2$ や He ガスを盛んに放出させていることが明らかとなりました。

## 6 姫島火山の明神山の噴出年代

拍子水温泉の湧出量は、前述した気泡と温泉水の割合（ガス/水比）を求める作業で、30.6 L/分と得られており、水は雨水起源であることも確認されています（大沢ほか，2015）。そこで、姫島でも「蒸発、表面流出、地下浸透がそれぞれ同じくらい」というモンスーン気候帯である西南日本に共通する水収支（志賀・由佐，2003）が成り立つと仮定し、温泉水の湧出量（1年間では1万6083 $m^3$）をまかなう集水面積を、姫島における平均年間降水量 1107 mm を使って求めてみました。そうすると、推定される集水面積は4万3585 $m^2$ となり、およそ200 m 四方のせまいエリアに対応することが示されます。これは拍子水温泉の背後の小山「明神山」（図11）のサイズに相当し、そこに降った雨が地下に浸透し、それに対して地下からやってくるマグマ起源の $CO_2$ が溶け込み、麓に冷たい炭酸泉として湧き出しているのが拍子水温泉であることを示しています。

この冷たい炭酸泉が明神山と関係深いとなると、たいへん気になるのが、その噴出年代です。ひょっとすると、雲仙火山の眉山や九重火山の黒岳・大船山と同じように、1万年より若い火山体なのではないでしょうか？ これまでの姫島火山の年代学的研究によれば、複数の火山岩類についての20万年くらい（K-Ar 年代）（鎌田ほか，1988），明神山に関連した金火山両瀬溶岩の6〜7万年（K-Ar 年代や $^{40}Ar/^{39}Ar$ 年代）（松本ほか，2010）となっていて、千年オーダーの年代は得られておらず、火山活動史的にも興味がもたれるところです。そこで、同じ研究組織の年代測定グループにお願いし、熱ルミ

ネッセンス（TL）法という方法を使って明神山から採取した火山岩片の測定を行なってもらいました（下岡ほか，2013）。その結果，およそ 2000〜3000 年前（正確な年代は，TL 年代で $2.1 \pm 0.4$ ka〔2100 年〕，post-IR IRSL 年代で $2.7 \pm 0.3$ ka〔2700 年〕）という非常に若い，予想通りの年代が得られました。その報告を，測定グループの下岡順直さん（現在，立正大学）から受けたときは，ちょっと小躍りしました。

もう少し範囲を広げて火山岩片を採取して，同じくらいの年代値が得られることを確かめなければならないとは思いますが，期待通りであれば，縄文時代後期にできた小山だということを示しています。姫島は黒曜石の産地として有名ですが，後期旧石器時代から弥生時代の後期まで，東九州を中心として瀬戸内海一帯に剥片石器として広く供給されていたとされます（下森，2005）。黒曜石を採っていた人々は，この小山（明神山）の形成を目撃したに違いないですが，その頃の日本にいた人類はまだ文字として記録を残すことをしていないので，残念ながら，その線からの検証はできません。ただ，その山がなければその麓に地下水は湧き出しませんから，その明神山の形成年代が確実とすれば，拍子水温泉の年齢も長くても 2000〜3000 年ということになります。

火山体生成後はしばらく熱かったでしょうから，山体に雨水が浸透せず，現在の鉱泉のようになるにはさらに時間がかかると考えるのが自然で，鉱泉の生成年代は 2000〜3000 年より若いと考えるのが妥当でしょう。どのくらいの時間遅れるかははっきりしませんが，1943 年に有珠火山の側火山として生成した昭和新山の噴気は 2014 年時点でも存在し，当初 700 ℃近くあった噴気ガス温度は 70 年経ってもまだ 100〜200 ℃の高温を維持していること（第 128 回火山噴火予知連絡会資料（その 3）北海道地方，2014）を知ると，100 年，いや

数百年はかかるのかもしれないと思えます。拍子水温泉の近くにそれを知る手がかりとなる何らかの地質試料はないものでしょうか？

## 7 おわりに

私たちの研究によって，雲仙火山と九重火山では，マグマ起源の$CO_2$（二酸化炭素）を多量に溶存させる地下水が，1万年より若い完新世の火山体の周辺に集中的に分布することが明らかにされ，同様に若いと予想された，気泡を伴う冷泉が湧き出す姫島火山（単成火山群）の中の小さな山体が，数千年前に形成されたことが示されました。これにより，「火山性の炭酸泉は火山活動の末期あるいは終息地帯に見られる」とする通念を修正する必要が生じたと考えています。しかし，わずか3例しか示せていないと言うこともできますので，検証を続けていくのが先かもしれません。それでは，どこの火山で検証ができそうでしょうか？

下調べをしたところ，いくつか候補を見つけることができました。ひとつは，2011年1月から新燃岳で始まったマグマ噴火が記憶に新しい，南九州にある霧島火山です。霧島火山では，742年以来60回を超える噴火記録が残されていますが，そのほとんどが前出の新燃岳(もえだけ)と御鉢(おはち)の限られた山体で起こっており（井村，1999），定常的な火山活動としてえびの硫黄山に噴気地帯が見られる（た）程度で，そんな中にあって，およそ4000年前にできた「御池」という霧島火山南東斜面にある山体（火口）に目がとまります。その火口はプリニー式噴火によって生じたマールで（井村・小林，2001），雲仙火山の眉山や九重火山の黒岳・大船山のように，溶岩の噴出で形成された山体ではありませんが，その周辺に40℃を超える温泉（炭酸泉）とともに湯之元温泉や極楽温泉といった冷たい炭酸泉が存在し

ます。前者については，温泉分析書がインターネット上で公開されており，水質データの一部をすでに**表1**に掲載しました。

　同じ表に載せた三瓶火山の池田鉱泉はどうでしょうか？　池田鉱泉は，放射能泉としても有名で，ひょっとすると火山とは無関係で基盤の岩石（花崗岩）に関係したものかもしれませんが，噴出時期がおよそ3600年前とされている三瓶火山の主要山体（男三瓶，女三瓶，小三瓶）を形成させた三瓶山円頂丘溶岩（木村ほか，2000）のごく近傍に志学温泉（最高温度40℃ほど）とともに冷炭酸泉が存在したという記載があり（安藤，1959），検討の価値がある火山のひとつではないかと考えています。

　まだ具体的な次の一手は打てていないのですが，そんなやり方とは別に，私たちと同様な手法を使った火山の地下水の研究成果を検索したところ，使えそうなデータが掲載された論文が出版されていることが分かりましたので（たとえば，Evans et al., 2002；Federico et al., 2002；鈴木・田瀬，2010），そういったデータを用いて検証を行なうという手が，より効率的で現実的なやり方かもしれません。しかしながら，目的がはっきりとした研究のデータがものを言うのは間違いないので，多くの人たちが，日本にとどまらず世界各地で同様な研究を行ない，有用なデータがたくさん蓄積されることを期待したいと思います。

　また，新たな研究課題も手に入れました。今回紹介した一連の研究によって，一見普通の地下水と思われる冷たい湧水や井戸水にもマグマ起源の$CO_2$の関与があることを知りましたが，その$CO_2$を供給するマグマは最近の噴火の原因となったマグマではなく，山体を作ったやや古い（ざっと1万年以降；地質学で言う完新世），小規模なマグマと考えられるのですが，そのマグマはまだ溶けているのか，すでに固結しているのか，固結しているとすれば$CO_2$はどこ

にどんなふうに貯蔵されているのかなど、まったく不明で、それ自体を明らかにする研究を今後行なう必要があります。

今回の冷たい炭酸泉の話は、火山に伴っているものに限りましたが、非火山地域にも存在し、近年、それらの地球科学的研究が活発に進められており、水の起源や成分の由来などが解明されてきています（私たち自身が行なった研究を挙げれば、大分県の山香温泉〔2013〕、六ヶ迫鉱泉〔大沢ほか，2005〕、塚野鉱泉〔大沢，2003〕、福岡県の船小屋鉱泉〔Oue et al., 2011；大上，2013〕、兵庫県の吉川温泉〔大沢ほか，2015〕）。それらの総括的な解説は、また別の機会にすることにしますが、関連する研究の解説が本書の第2章と第7章にありますので、その方面の地球科学的研究の面白さを先取りしていただけると思います。

最後に、この文章の原稿を書きあげた後に手に入れた最新の情報をひとつお知らせして私の話を終えることにします。本章で紹介した姫島の西側、西浦地区の港からほどなく離れた沖合の海底からガスが噴出しているという情報を、現地調査でいつもお世話になっている姫島村の木野村孝一さんからいただき、お知り合いの漁師さんの船に乗せてもらって、そのガスの採取に出かけました。2015年10月現在、持ち帰ったガス試料を分析しているところですが、どうも拍子水温泉の付随ガスとよく似ているようです。そうだとすると、本当の姫島の地下の様子は、今、私が考えているものとは少しばかり（あるいは、大きく？）違う可能性があり、解釈を変更することを迫られるかもしれません。私は、「新しい発見があると、地球科学の常識はガラリと塗り変えられてしまうことがある」と日ごろから語っているのですが、今回の発見はまさにそのケースに当てはまるものかもしれません。

**【謝辞】** 本章で紹介した一連の研究は，私ひとりで行なったものではなく，多くの共同研究者の協働作業の上に成り立ったものです。雲仙火山での研究では，安原正也さん・風早康平さん（産業技術総合研究所）や河野忠さん（立正大学）をはじめとして多くの参加者を得ました。九重火山での研究は，山田誠さん（総合地球環境学研究所）の大学院博士課程（京大理学研究科地球惑星科学専攻）の研究の一部として行なったものです。姫島火山の拍子水温泉の研究は，大分舞鶴高校スーパーサイエンス・ハイスクールの課題研究として提供したもので，橋本尚英教諭と研究班の生徒諸君は現地調査と水質分析で活躍されました。また，同位体分析では，ニュージーランド地質核科学研究所の安定同位体研究室（Stable Isotope Laboratory, GNS Science Limited），九電産業株式会社環境部，東京大学大学院理学系研究科附属地殻化学実験施設のお世話になりました。ここに記して感謝の意を表します。

(1) 「炭酸」という単語を含む温泉の泉質名（［　］内は旧名称）には，二酸化炭素泉［炭酸泉］と炭酸水素塩泉がある。前者は，遊離炭酸（$CO_2$）濃度が 1000 mg/kg 以上あるときにつけられる泉質名で，主成分が塩類泉（溶存物質量が 1000 mg/kg 以上の温泉）に該当しないとき，単純二酸化炭素泉［単純炭酸泉］とされ，主成分が塩類泉に該当するときは，含二酸化炭素 – 〇〇泉と記載される。一方，後者は，塩類泉のうち，炭酸水素イオン（$HCO_3^-$）が陰イオンの主要成分であるものにあてられ，主要な陽イオンが何かによって，ナトリウム – 炭酸水素塩泉［重曹泉］，カルシウム – 炭酸水素塩泉やマグネシウム – 炭酸水素塩泉［2つまとめて重炭酸土類泉］となる。

(2) 自然界には同じ元素に属しながら質量の異なる原子が存在する。たとえば，ここで取り上げている炭素（C）には，主要なものとして質量数 12 と質量数 13 の炭素があり，それぞれ $^{12}C$，$^{13}C$ と表わし，後述の水素（H），酸素（O），ヘリウム（He）には，それぞれ，質量数 1 と 2 の水素（$^1H$, $^2H$〔D とも表記する〕），質量数

16と18の酸素（$^{16}$O, $^{18}$O），質量数3と4のヘリウム（$^{3}$He, $^{4}$He）がある。自然界における同位体の存在比率［同位体比］の変動は100分の1未満といったわずかな値なので，それを簡単な数値で表わすために，千分率で表わされる同位体組成：δ値という特別な数値が用いられる（Heについては，別の単位系が採用されている）。下式は，炭素同位体組成について説明したものである。

$$\delta^{13}\mathrm{C}(‰) = [(^{13}\mathrm{C}/^{12}\mathrm{C})_{試料} - (^{13}\mathrm{C}/^{12}\mathrm{C})_{標準}]/(^{13}\mathrm{C}/^{12}\mathrm{C})_{標準} \times 1000$$

ここで，$(^{13}\mathrm{C}/^{12}\mathrm{C})_{試料}$，$(^{13}\mathrm{C}/^{12}\mathrm{C})_{標準}$は，それぞれ試料の炭素同位体比で，$(^{13}\mathrm{C}/^{12}\mathrm{C})_{標準}$はアメリカ合衆国南カロライナ州のピーディー層産ベレムナイト化石（$CaCO_3$）の値を使うことが世界的に取り決められている。水素や酸素の同位体組成の表記についても同様な定義式が使われ（$\delta D$, $\delta^{18}O$），標準物質にはSMOWと名づけられた同位体測定用に調整された海水が用いられている。

(3) 温泉付随遊離ガス（気泡）は温泉水から分離したもので湧出する前は水に溶存していたと考えられるので，気泡と温泉水の割合（ガス/水比）を求め，下の2つの式を用いて気液分離以前の炭酸成分の濃度（DIC'）と$\delta^{13}C$値を求めてデータとして用いた。

$$\delta^{13}\mathrm{C}_{\mathrm{DIC'}} = \delta^{13}\mathrm{C}_{\mathrm{CO2}} \cdot \mathrm{X}_{\mathrm{CO2}} + \delta^{13}\mathrm{C}_{\mathrm{DIC}} \cdot \mathrm{X}_{\mathrm{DIC}}$$
$$\mathrm{X}_{\mathrm{CO2}} + \mathrm{X}_{\mathrm{DIC}} = 1$$

ここで$\delta^{13}\mathrm{C}_{\mathrm{DIC'}}$は分離前の$\delta^{13}C$値，$\delta^{13}\mathrm{C}_{\mathrm{CO2}}$，$\delta^{13}\mathrm{C}_{\mathrm{DIC}}$はそれぞれガス相（温泉遊離ガス）の$CO_2$および水相（温泉水）の溶存全炭酸（DIC）の$\delta^{13}C$値，$\mathrm{X}_{\mathrm{CO2}}$, $\mathrm{X}_{\mathrm{DIC}}$はそれぞれガス相の$CO_2$および水相のDICのモル分率を示し，このモル分率はガス/水比とガス相および水相の$CO_2$濃度から求められる。

## ■引用・参照文献

安藤武（1959）「島根県三瓶火山地域の温泉および地下水調査報告」『地質調査所月報』10, 785-799.

Evans, W. C., Sorey, M. L., Cook, A. C., Kennedy, B. M., Shuster, D. L., Colvard, E. M., White, L. D., Huebner, M. A. (2002) Tracing and quantifying magmatic carbon discharge in cold groundwaters: lessons learned from Mammoth Mountain, USA. *J. Volcanology and Geothermal Research*, 114, 291-312.

Federico, C., Aiuppa, A., Allard, P., Bellomo, S., Jean-Baptiste, P., Parellio, F., Valenza, M. (2002) Magma-derived gas influx and water-rock interactions in the volcanic aquifer of Mt. Vesuvius, Italy. *Geochim. Cosmochim. Acta*, 66, 963-981.

Fischer, T. P., Sturchio, N. C., Stix, J., Arehart, G. B., Counce, D., Williams, S. N. (1997) The chemical and isotopic composition of fumarolic gases and spring discharges from Galeras Volcano, Colombia. *J. Volcanology and Geothermal Research*, 77, 229-253.

星住英夫 (1999)「雲仙火山―記憶に新しい平成大噴火の傷あと―」『フィールドガイド日本の火山⑤九州の火山（高橋正樹・小林哲夫編）』築地書館, 67-84.

星住英夫・宇都浩三・杉本哲一・徐勝・栗原新・亀井朝昭 (2002)「雲仙火山の形成史―山麓掘削と組織的放射年代測定の結果―」『月刊地球（総特集―雲仙火山科学掘削（2）第1期の成果と第2期への抱負）』24, 828-834.

井村隆介 (1999)「霧島山―高原の火口群と神話の山なみを歩く―」『フィールドガイド日本の火山⑤九州の火山（高橋正樹・小林哲夫編）』築地書館, 85-103.

井村隆介・小林哲夫 (2001)『霧島火山地質図』地質調査所.

稲永康平・奥野充・高島勲・鮎沢潤・小林哲夫 (2006)「熱ルミネッセンス法による九重火山の噴火史の再検討（予報）」『名古屋大学加速器質量分析計業績報告書』17, 92-101.

伊藤順一・星住英夫・巖谷敏光 (1997)「姫島地域の地質」『地域地質研究報告（5万分の1地質図幅）』地質調査所, 74p.

岩倉一敏・大沢信二・高松信樹・大上和敏・野津憲治・由佐悠紀・今

橋正征（2000）「長湯温泉（大分県）から放出される二酸化炭素の起源」『温泉科学』49, 86-93.

鎌田浩毅・星住英夫・小屋口剛博（1988）「中部九州―中国地方西部の火山フロントの形成年代―」『月刊地球』10, 568-574.

鎌田浩毅・池邊浩司（1999）「九重山―333年ぶりに目覚めた溶岩ドーム連なる活火山―」『フィールドガイド日本の火山⑤九州の火山（高橋正樹・小林哲夫編）』築地書館, 33-48.

木村純一・中山勝博・松井整司・福岡孝（2000）「三瓶山―縄文時代に大噴火した山陰でもっとも新しい火山―」『フィールドガイド日本の火山⑥中部・近畿・中国の火山（高橋正樹・小林哲夫編）』築地書館, 117-135.

Kita, I., Nagao, K., Taguchi, S., Nitta, K., Hasegawa, H. (1993) Emission of magmatic He with different $^3$He/$^4$He ratios from the Unzen volcanic area, Japan. *Geochemical J.*, 27, 251-259.

河野忠（2002）「大分県中部火山地域における湧水・地下水の水文化学的研究」『大分県温泉調査研究会報告』53, 21-28.

松本哲一・伊藤順一・星住英夫・太田靖（2010）「姫島火山群のK-Arおよび$^{40}$Ar/$^{39}$Ar年代」『日本火山学会講演予稿集』, 132.

三宅康幸・酒井潤一（2000）「御嶽―火山灰を降らした生きている信仰の火山―」『フィールドガイド日本の火山⑥中部・近畿・中国の火山（高橋正樹・小林哲夫編）』築地書館, 51-64.

水谷義彦（1995）「地下水の地化学特性」『放射性廃棄物と地質』東京大学出版会, 123-146.

大沢信二（2000）「噴気ガスの化学・同位体組成からみた別府温泉の地熱流体の起源及び性状」『大分県温泉調査研究会報告』51, 19-28.

Ohsawa, S., Kazahaya, K., Yasuhara, M., Kono, T., Kitaoka, K., Yusa, Y. and Yamaguchi, K. (2002) Escape of volcanic gas into shallow groundwater systems at Unzen volcano (Japan): evidence from chemical and stable carbon isotope compositions of dissolved inorganic carbon. *Limnology*, 3, 169-173.

大沢信二・風早康平・安原正也（2002）「島原半島の温泉・鉱泉の流体地球化学」『温泉科学』52, 51-68.

大沢信二（2003）「塚野鉱泉の水質形成機構」『大分県温泉調査研究会報告』54, 7-14.

大沢信二・網田和宏・杜建国・山田誠（2005）「大分県南部地域の温泉の同位体地球化学的調査―臼杵市の六ヶ迫鉱泉―」『大分県温泉調査研究会報告』56, 25-31.

大沢信二・三島壮智・酒井拓哉・長尾敬介（2015）「姫島火山に湧出する鉱泉「拍子水温泉」の地球化学的研究」『温泉科学』64, 354-368.

大沢信二・網田和宏・大上和敏・酒井拓哉・三島壮智（2015）「有馬型熱水と水質のよく似た同位体的性質の異なる高塩分温泉―兵庫県の吉川温泉の例―」『温泉科学』64, 369-379.

Oue, K., Ohsawa, S., Yamada, M., Mishima, T. and Sakai, T. (2011) Geochemical study of water and gas samples from Funagoya Spa in Fukuoka Prefecture, Japan. *J. Hot spring Science*, 61, 116-122.

大上和敏（2013）「福岡県船小屋温泉の温泉水の起源に関する地球化学的研究」『環境管理』42, 11-15.

酒井拓哉・大沢信二・山田誠・三島壮智・吉川慎・鍵山恒臣・大上和敏（2011）「九州中央部の非火山地域に湧出する温泉の炭酸成分の起源」『温泉科学』60, 418-433.

酒井拓哉・大沢信二・山田誠・三島壮智・大上和敏（2013）「温泉水・温泉付随ガスの地球化学データから見た大分県山香温泉の生成機構と温泉起源流体」『温泉科学』63, 164-183.

Sano, Y. and Marty, B. (1995) Origin of carbon in fumarolic gas from island arcs. *Chemical Geology*, 119, 265-274.

志賀史光・由佐悠紀（2003）「水環境」『別府市誌』別府市, 20-35.

下岡順直・三好雅也・山本順司（2013）「温泉熱源における時間情報の解読Ⅱ：姫島明神山火山岩片のルミネッセンス年代測定」『大分県温泉調査研究会報告』64, 25-32.

下森弘之（2005）「姫島産の黒曜石とガラス質安山岩について―縄文時

代早期の大分県地域を中心として—」『史学論叢』35, 84-94.

鈴木秀和・田瀬則雄 (2010)「浅間山における湧水の溶存炭酸の炭素同位体比—火山性 $CO_2$ の寄与率の推定—」『地下水学会誌』52, 247-260.

Watanabe, K., Hoshizumi, H. and Itaya, T. (1993) K-Ar ages of Unzen volcano in Kyushu, Japan. *Mem. Fac. Educ. Kumamoto Univ. Nat. Sci.*, 42, 35-41.

渡辺一徳・星住英夫 (1995)『雲仙火山地質図』地質調査所.

山田誠・大沢信二・由佐悠紀 (2003)「湧水の水素と酸素の安定同位体比からみた九重火山地域の地下水の涵養と流動」『九大地熱・火山研究報告』12, 66-74.

山田誠・網田和宏・大沢信二 (2005)「同位体水文学的手法による九重火山南東麓に湧出する炭酸泉の形成機構の解明」『温泉科学』54, 163-172.

山田誠 (2005) 博士論文「火山地下水システムにおけるマグマ起源 $CO_2$ 混入過程に関する同位体水文学的研究」京都大学, 102p.

安原正也・風早康平・稲村明彦・河野忠・大沢信二・由佐悠紀・北岡豪一・星住英夫・角井朝昭・宇都浩三 (2002)「雲仙火山の水理構造」『月刊地球 (総特集—雲仙火山科学掘削 (2) 第 1 期の成果と第 2 期への抱負)』24, 849-857.

# 第2章

# 沈み込むプレートに辿り着く温泉

網田和宏

　これまで非火山地域に湧出する温泉は，マグマやマントルに由来するような深部起源の成分を含まない温泉であると考えられてきました。しかし近年，多くの研究が行なわれた結果，非火山地域の温泉の中にも深部起源の流体を含むものがあることが分かってきました。このような深部起源流体の供給源はどこにあるのでしょうか。この章では，非火山地域の高塩分泉を対象として温泉の起源を研究していった結果，最終的に地球内部に沈み込むプレートにまで辿り着いた，というお話について紹介したいと思います。

## 1　はじめに

　温泉はよく「大地の恵み」とか「地球からの贈り物」といった言葉で形容されます。また最近では，不思議なエネルギーが得られる場所であるとして「パワースポット」などと呼ばれることもあるようです。
　温泉が地球や大地に根ざした不思議なエネルギーをもっている，

という考え方は古来よりあったものだと思いますが，私たちが温泉に特別な力を感じてきたのは何故でしょうか。そこには様々な要因があったことは間違いありませんが，やはり温泉が地下深くから湧いてくるものだから，という事実も外せない条件のひとつであると思います。

さて，温泉が地下の深いところからやってくることについては読者の皆さんもご承知の通りなのですが，では一言に「深い」といっても，それは果たしてどのくらいの深さのことを指しているのでしょうか。数百 m か，あるいは 1 km？ それとも 10 km はあるでしょうか。温泉を愛好する人であれば誰もが一度は考えたことのある問題だと思いますが，明瞭に答えられる人はそう多くいないのではないでしょうか。でもガッカリしたり落ち込んだりする必要はありません。実はこの問題，研究者にとってもきちんと答えることが難しい問題でもあるのです。

## 2 温泉の起源を追って

温泉はいったいどこからやって来ているのでしょうか。素朴なのに難しい，この問題について私たちの研究グループが取り組み始めるきっかけとなった温泉は，九州の大分平野にありました。大分平野はいわゆる深層熱水型と呼ばれる温泉が多く分布している地域です。深層熱水型温泉とは，主に火山のない地域において深く掘削された井戸から湧く温泉に使われる名称で（たとえば，茂野，1982），その成因については「地下深くに埋没した地層中の陸水性あるいは海水由来の間隙水（後者は地層に閉じ込められた古い時代の海水という意味で，化石海水や古海水の名で呼ばれることもあります）が地温により加熱されたもの」とする考えが広く浸透してきました。

ところが，大分平野の深層熱水型温泉をよく調べてみた結果，温泉に溶存している炭酸成分に，地下深部に起源をもつ二酸化炭素（$CO_2$）が様々な割合で混入していることが分かりました。さらに塩分濃度が高く，Na-Cl・$HCO_3$型に分類される温泉については，炭酸成分のほとんどが深部起源の$CO_2$によるものであることも明らかになったのです（大沢，1996；大沢，2001）。ここで「深部起源の$CO_2$」とは，マグマに由来する$CO_2$と同じような化学・同位体組成を示す$CO_2$のことで，活動的な火山のないような地域の場合，そのような$CO_2$は地下深部（地殻よりも深いところ？）からやってきたと考えるのが妥当ということになります。しかし，そうしますとひとつの疑問が浮かびあがってきます。堆積層中の間隙水が温められることによってできる温泉（深層熱水型）に，なぜ深部に由来する$CO_2$が含まれていることになるのでしょうか。

　同じ温泉水の中で共存する「浅いところの水」と「深いところの$CO_2$」。一見，矛盾しているようにも感じる両者の関係は，どのように理解すればよいのでしょうか。そもそも温泉とは，地下において流動している「水」に「溶存成分」が加わっていき（「沈殿」という形で取り除かれることもありますが），場合によっては「ガス成分」も加わるなど様々な経験をした後で，最後に地表に到達しているものです。つまり私たちは地下で様々なことが起こった後の最終生成物のことを「温泉」と呼んでいるわけです。ですので，温泉の「水」，「溶存成分」，「ガス成分（付随ガス）」などを個別に考え，それぞれの起源を明らかにしていくことが，より深く理解するために必要なこととなります。そのような考えのもと，京都大学大学院理学研究科附属地球熱学研究施設の大沢信二先生を中心とする数名のグループ（通称「熱水流体研究グループ」）によって2004年に調査が開始されることになりました。そして当時，大学院を卒業したばかりで

地球熱学研究施設に研究員として在籍していた私も研究グループに加わり、後にプレートにまで辿り着くことになる温泉の起源を探る研究に関わる機会を得ることになったのです。

調査の指針としては、深部起源の$CO_2$が含まれている温泉の共通項であった塩化物イオン濃度の高いもの（＝高塩分の温泉）に着目し、水の水素と酸素の同位体比を調べて温泉水の起源を探ることにしました。温泉に深部からやってくる成分が含まれているのであるならば、炭酸成分以外にも特徴を示す成分が見つかる可能性があるはずだ、と考えたわけです。果たしてその結果はどうであったかといいますと、炭酸成分が深部起源であることを示していた温泉の中に、極めて塩分濃度が高くて、同時に異常な水素・酸素同位体比を示す温泉水が存在していることが分かったのです（網田ほか、2005）。その時に得られた結果を図1に示しました。この図は水を構成している水素と酸素の同位体比（$\delta D$ と $\delta^{18}O$）をそれぞれ縦軸と横軸にとったもので、専門業界で「デルタダイアグラム」と呼ばれるものです。海水や降水、あるいはマグマ性流体など起源が違う水では、それらの水を構成する水素と酸素の同位体比が異なりますので、ダイアグラム上で別々の位置にプロットされることになります。そのため、水の起源を考える際の判定図として温泉科学や水文学(すいもんがく)などの分野で広く活用されています。図中には $\delta D = 8 \times \delta^{18}O + 10$ の関係の直線が書き込まれていますが、これは天水線と呼ばれるもので、地下水や温泉水の起源が降水（天水）に由来するものであった場合には、同位体比はこの直線に沿って分布することが知られています。また、温泉水の塩化物イオン濃度の違いをプロットの円の大きさで表現しています。

図1から分かるように、O1、O2と名前をつけた温泉水については他の温泉水と比較して塩化物イオン濃度が特別に大きい上に天水

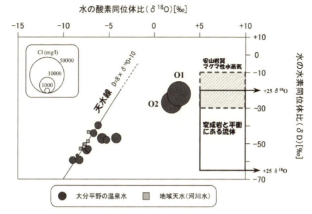

温泉水のプロットについては塩化物イオン濃度を円の直径で表わした（網田ほか〔2005〕を一部修正）。

**図1　大分平野で得られた温泉水および河川水の水素・酸素同位体組成**

線から大きく外れたところにデータがプロットされており、これらの温泉水が降水に起源をもつ水によって形成されたものではないことが示されています。また、水の起源が古海水であった場合にはデルタダイアグラム上のプロットは、原点（0, 0）付近に来ることも分かっていますので、O1、O2の温泉水については水の起源を化石海水に求めることができないことも明らかになりました。この結果から、大分平野には水の起源を天水や地層の間隙水に求めることができず、塩分濃度が高く、深部起源の炭酸成分を含むといった、いずれも地下深部で形成されたことを指し示す特徴をもつ温泉が存在していることが分かりました。そしてその他の化学成分の情報なども加えて考察を行なった結果、私たちはこのような温泉起源流体の正体を、たとえば、海洋プレートの沈み込み過程で生じるような地下深部の高温・高圧環境下で岩石が変成作用を受けて変成岩になる

ときに生成するとされる変成脱水流体に由来するものではないかと予想しました。プレート脱水過程で生じる水がマグマを作らずに地表に到達するとした考えは，本書の第7章を執筆されている西村先生によって提唱されたものですが（西村，2000a，2000b）私たちはこのような水が大分平野の深部起源流体の基になっていると考えたのです。

　大分平野で得られた結果は，研究者として駆け出しであった当時の私には大変刺激的なものでした。それはそうです。研究地域でこれまで誰も見つけていなかったような温泉を見いだし，さらにその成因についても従来の説を覆すような主張を行なえたのですから。また，研究に対する自分たちの考え・ねらい（作業仮説）が間違っていなかったのだと，自信を深めることもできました。しかし一方で，深部起源の流体の正体については，プレート脱水過程で生じるような流体では「ないだろうか」という，推定の域を出ない部分が残され，十分な決着をつけることができなかったのも事実でした。いまひとつスッキリしません。掌のどこかに見えないトゲが刺さっていて，我慢できないほど痛くもないのですが，何かの拍子にチクチクして気になってしまう感じ，と言えばよいでしょうか。とにかくこうなってしまうと私たち研究者は考えることをやめられなくなってしまうのです。

　そこで私たちは思考を変えて，次に，宮崎平野において変成作用より浅所（200℃，2 kbar 以浅：たとえば，水谷・歌田，1987）で発生することが予想される続成脱水流体の探索を行なうことにしました。深部起源の流体の正体を探るのであれば，もっと深い所から得られる温泉の調査を進めるべきではないか，と思われる方もあるかもしれません。しかし，ここで私たちは「急がば回れ」の方針をとることにしました。それは，続成作用や変成作用といった地質学的過程

の中で様々な脱水流体が生成され,それぞれに由来する温泉水が存在しているとすれば,各々の化学・同位体組成に見られる特徴を丁寧に整理し,違いを明確に説明することが深部起源流体を理解するために重要なことであると考えたからです。そして結論からいえば,この「回り道」が私たちの研究を進めていく上でのカギとなる重要な知見を与えてくれることになったのです。

　たいへん申し訳ないのですが,ページ数の都合もあり,このときの研究の詳細については参考文献（大沢ほか,2010）を読んでいただきたいと思いますが,研究成果を箇条書きにすると,次のようになります。①宮崎平野の温泉の起源流体が,海底堆積物間隙の海水に由来する,堆積層の圧密による絞り出しでもたらされた温泉水と,粘土鉱物の層間からの脱水流体に由来する温泉水の2種類の続成脱水流体であることを明らかにした。②続成過程で発生する堆積層内古海水の絞り出しに由来する温泉水と粘土鉱物層間脱水流体起源の温泉水がデルタダイアグラム上やLi-B-Cl相対組成図上で明瞭に区別できることを示した。③続成作用から変成作用,そして火成作用に至る一連の過程で発生する脱水流体には様々な化学変化が伴われ,その最たるものとして,Li-B-Cl相対組成図上で,初期続成過程から後期続成過程を経て変成過程に遷移することに対応してCl（塩素）に富む流体からB（ホウ素）に富む流体を経由してLi（リチウム）に富む流体の発生へと段階的に移行していくだろうと予見した。

　大分,宮崎での調査研究の経験を経て,私たちは,得られた地球化学データ（化学組成や同位体組成など）に見られる特徴を吟味し,地質学的・鉱物学的諸情報を交えて多角的に検討することが非火山地域の温泉起源流体の生成過程を具体的に知るための方法であるとの確信を得ました。さあ,これで準備が整いました。いよいよ深部起源流体がどの様な成り立ちの流体であるのかを探る研究を始めよ

う，と考えた私たちが目線を向けたのは九州の東方でした。それは大分平野から東側に向かって延びる中央構造線に着目したからなのです。

## 3 中央構造線沿いの塩水を狙って

紀伊半島から四国地方を横切るように東西に走る中央構造線は，総延長が1000 km を超える日本を代表する大きな活断層です（図2・A）。この地域の地質に関しては四国地方に代表されるように，東西性の帯状構造を示す地質帯と東西性の構造線の存在が大きな特徴となっています。そして中央構造線は，領家変成岩類の南縁に沿って分布する和泉層群と南側の三波川変成岩類を分ける地質境界断層として認められます（図2・B）。これら四国地方に見られる帯状の地質構造は紀伊半島の西部までは連続性が良く同様の地質の分布が確認できますが，反対側の九州地方では大きく乱れ，四国からの地質の連続性が不明瞭となっていきます。そのため，四国から九州まで伸びてきた中央構造線も，佐賀関半島の三波川帯の北縁に続き，それより西では少し方向を変え，臼杵－八代構造線に合流すると考えられています（寺岡，1970；Ichikawa, 1980）。

図2・A にはフィリピン海プレートの沈み込みの方向と沈み込み深度，および中国・四国地方における火山前線の位置も図示しました。図からも分かるように四国地域や和歌山地域は西南日本の前弧域に位置しており（当然ですが，大分平野と宮崎平野も前弧側），主に温泉に付随するヘリウム（He）の同位体地球化学的研究から，深部（マントル）に由来する He の分布が確認され，深部流体の上昇が示唆されている地域でもありました（たとえば，Matsumoto et al., 2003；Doğan et al., 2006；Umeda et al., 2006；Sano and Nakajima, 2008；

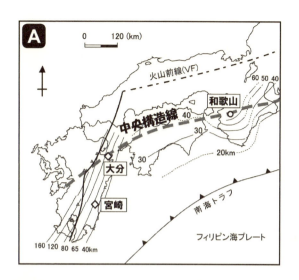

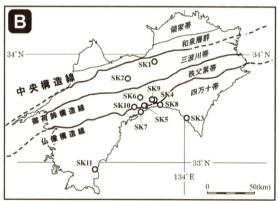

網田ほか（2014）を一部修正。A：西南日本と採水地点の位置。図中には中央構造線，火山前線および南海トラフの位置と沈み込むプレートの上面深度も示してある。B：四国地方における地質分布と採水地点の位置。

**図2　採水地点位置図**

Sano et al., 2009など)。ここまで書くと分かると思いますが，実はこの地域は，「前弧域(非火山地域)」,「中央構造線」,「深部由来のガス」など，大分平野の状況と共通点の多い地域であるとも言えるのです。

　調査対象とする温泉については大分・宮崎での経験から，深部由来の成分を含む温泉は，深さ500 mを超えるような掘削井から得られ，高塩分であり，さらにNa-Cl・$HCO_3$型の水質を示すものから見いだされる傾向が示されていましたので，これらを判断基準のひとつにして温泉水採取地点の選定を行ないました。採水地点の位置を図2・Bに示します。結果的に和歌山地域での採水は1地点のみとなってしまいましたが，この採水地点では掘削深度の異なる井戸が4本設置されており，それぞれの井戸で採水を行なうことができました。また，四国地方の採水地点については中央構造線からずれた高知県側に位置する温泉水の採水も行ないましたが，これは四国の中央構造線沿いでは掘削深度の深い温泉をなかなか見つけることができなかったことが主な理由です。一方で高知県側には掘削深度が1000 mを超える温泉井が存在しており，さらに高塩分な温泉水の湧出も認められましたので，中央構造線ほどの規模ではないですが大きな地質構造線である「仏像構造線」に期待して，研究対象地域に加えて採水を行なうことにしました。また，温泉付随ガスが採取できる状況にある泉源では，水上置換法で気泡状のガスの採取も行ないました。付随ガス試料の採取に関連して，網田ほか(2005)によって深部起源流体とされた大分平野の高塩分温泉も，新たに付随ガス試料を採取しました。

## *4* 温泉「水」の起源を探る

　大分平野の事例でもお話しましたが,深部に起源をもつ温泉の特徴は,天水起源の地下水に比べ塩分濃度が高く,海水と比べて水の同位体組成に異常が見られるというものでした。そこでまずは和歌山と四国地域の温泉水の水素と酸素の安定同位体比の関係をデルタダイアグラム上にプロットし,検討してみることにします(図3)。図中には天水線($\delta D = 8 \times \delta^{18}O + 10$)のほかに,現在の海水(現海水),天水起源地下水の範囲ならびに変成岩と平衡にある流体が示す同位体比の範囲(たとえば,佐々木,1977)をそれぞれ実線ないし点線の囲みで表わしました。天水起源地下水の範囲は,網田ほか(2005)で得られた浅層地下水,大沢ほか(2010)の河川水のデータに加え,四国地域の河川水の取得データなどを参考にして推定した範囲を示したものです。さらに,今回新たに取得した試料の同位体比と比較するために,宮崎平野の温泉の研究(大沢ほか,2010)で見いだされた粘土鉱物の層間から脱水した流体に起源をもつ温泉水(以後,粘土鉱物層間脱水流体と呼びます)と,海底堆積物間隙の海水に由来する堆積層の圧密による絞り出しでもたらされた温泉水(以後,特に断わらない限り堆積層内の古海水と呼びます)が示す同位体比の範囲についても実線の囲みで表わしました。そして,大分地域の温泉については,深部起源であることが示された(図1参照),O1とO2をプロットしました。

　四国で採取した温泉水試料の水素・酸素同位体組成は,多くが天水線に沿った分布を示しましたが,SK5とSK7については天水起源地下水と現海水および古海水の間の領域にプロットされました。デルタダイアグラム上では,それぞれの同位体比を示す起源水(こ

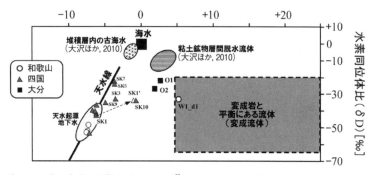

網田ほか（2014）を一部修正。$\delta D = 8 \times \delta^{18}O + 10$ の関係を天水線として示した。また大分平野の温泉起源流体のプロット（O1 と O2）については網田ほか（2005）のデータを用いた。

**図3　和歌山，四国地域において採水された温泉水および河川水の水素・酸素同位体組成**

れを端成分と呼びます）同士が様々な割合で混合した場合，混合後の水の同位体比の値は端成分同士を結ぶ線上にプロットされることが知られています。したがって SK5 と SK7 についても，天水起源地下水と現海水あるいは古海水とが様々な割合で混合することによって形成された温泉であると考えることが可能です。これに対してSK1′，SK3，SK9，SK10 の4試料については天水線から高 $\delta^{18}O$ 側へ外れてプロットされており，特に，SK1′（図中，白抜きの△で示した）と SK10 の2地点の温泉水については，四国地域で得られた他の試料と比べても天水線から大きく外れてプロットされていることが見てとれます。ここで，図3において SK1 から伸びた矢印の先に位置している SK1′ のことについて簡単に説明します。

　実は，調査の際に SK1 の地点で得られた温泉水の溶存成分濃度は，井戸が掘削された直後の分析データ（愛媛県立衛生環境研究所，1999）と比較して明らかに低い値を示していました。しかし，両者ともに

主要な陽イオンと陰イオンであるナトリウム（Na）と塩素（Cl）の比率（Na/Cl比）を掘削当時と調査時点のものとで比較してみたところ，成分比はほとんど変わっていないことが分かりました。そこで，現在のSK1の化学組成は井戸掘削後の温泉水の継続的な汲み上げにより，天水起源の地下水の混入量が増えた結果，温泉が希釈されてしまっていると考え，SK1の試料と付近を流れていた河川水の塩化物イオン（$Cl^-$）濃度および同位体比の関係を用いることで，希釈された影響分について補正を行ないました。そのようにして，掘削当時の$\delta D$値と$\delta^{18}O$値を推定してプロットしたものがSK1′です。

　さて，話を戻します。図3のSK1′やSK10のプロット位置は，天水起源地下水と大分地域の温泉の深部起源流体とを結ぶ混合線上にあるため，SK1′やSK10の高塩分温泉水が，現海水や堆積層内の古海水と天水起源地下水との混合関係では説明できない水であることが分かります。また，SK3およびSK9の2試料については，四国地域の温泉水の多くが属する天水線沿いのプロット領域の上端とSK1′，SK10を結ぶ線上にプロットされていることから，SK1′やSK10のような高塩分の温泉水に地域の天水起源地下水が混入することによって生成されたものであるとして説明することができます。一方，和歌山地域の温泉水は，前述のように，全てが同じ敷地内で掘削された異なる深さの井戸から得られたもので，もっとも深い井戸（掘削深度741 m）である（図3中，W1_d1と記されたもの）以外の3試料の同位体比は全て天水起源地下水の領域内にプロットされました。しかし，W1_d1はこれらとは明らかに異なる同位体組成を示し，変成岩と平衡にある流体（水）のとる同位体比の範囲内にプロットされました。W1_d1の試料については塩化物イオン濃度も私たちがそれまでに採取した高塩分温泉水試料の中で最高の2万4900 mg/L

と極めて高い値を示しており,大分を含む調査地域における深部起源流体の端成分を表わす温泉水のひとつである可能性が高いと考えられます。

　以上のように,四国,和歌山の両地域とも,天水線から大きく外れる同位体組成を示す高塩分温泉水が存在することが分かりました。実際に現海水や堆積層内の古海水と比べて酸素同位体比が高く,水素同位体比が低いという特徴は,大分地域で得られた高塩分温泉水のそれと同じ傾向で,通常の地下水の形成過程では獲得することのない同位体組成です。このような同位体組成については,岩石‐水相互作用によって天水性地下水から作り出すことができるという考えもあるにはあるのですが(たとえば,酒井・松久,1996),同時に1万 mg/L を超える塩分濃度を作り出すことは困難です(たとえば,Ellis and Mahon, 1964 ; Ellis and Mahon, 1967 の高温実験結果を参照するとそれを容易に理解できます)。そこで以降では,これら高塩分・異常同位体組成を持つ和歌山地域の W1_d1 および四国地域の SK1′ と SK10 を,それぞれの地域における温泉深部起源流体の端成分として扱うことにし,表記を簡単にするために,それぞれ W および S1, S2 として,それらの化学組成や同位体組成に見られる特徴を整理していきます。

　図4は,各地域の温泉起源流体の $\delta D$ 値と総塩分濃度の間に見られる関係を示したものです。この図では現海水,堆積層内の古海水,および粘土鉱物層間脱水流体の値がとる範囲はそれぞれ異なっていますので,これらの温泉起源流体と天水起源地下水とを直線で結ぶ(混合線を引く)ことで,起源の違いを直線の傾きとして表わすことのできる図になっています。ここで,大分地域の天水起源地下水の代表値として,網田ほか(2005)にて報告されている6か所の河川水の $\delta D$ 値と総塩分濃度の平均値(図中の白い星印)を用い,O1 と

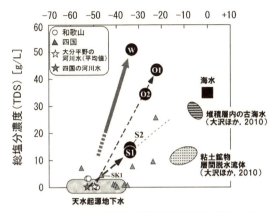

網田ほか（2014）を一部修正。温泉起源流体を示す黒丸のプロットの中に記したアルファベットはそれぞれの採水地域を表わしており、W；和歌山、S1、S2；四国、O1、O2；大分に対応している（詳しくは本文を参照）。

**図4　温泉の総塩分濃度と水素同位体比の関係**

の間で引くことのできる混合線を矢印で示しました。同じように四国地域についても、天水起源地下水の代表値としてSK1′の推定を行なった際に使用した河川水のデータ（図中の灰色の星印）を用い、これとS1との間に引くことのできる混合線を矢印で示しました。

そうしますと大分地域において得られる混合線と、四国地域で得られる混合線の傾きには違いがあることが分かります。特に四国地域で得られた温泉水試料については、ほとんどが天水起源地下水とSK1、そしてS1（SK1′）とを結ぶ混合線の下側の（混合線より傾きが低い）領域、すなわち四国地域の天水起源地下水と粘土鉱物層間脱水流体、あるいは堆積層内の古海水との間の領域にプロットされていることが分かります。これに対し、和歌山の端成分流体（W）については天水起源地下水と大分地域の温泉水とを結ぶ直線に近い

位置にプロットされました。和歌山地域については天水起源地下水のデータがないため、厳密な意味での混合線は引けないのですが、仮に天水起源地下水の領域にプロットされている和歌山地域の温泉水試料の値を用いてWとの間で混合線を引いてみますと（図中、グレーの矢印）、混合線の傾きは大分や四国のものよりもさらに大きなものとなります。以上のように、大分・和歌山地域の端成分流体と天水起源地下水とを結ぶ混合線の延長上には堆積層内の古海水や粘土鉱物層間脱水流体は存在しておらず、これらの地域の温泉深部起源流体が続成脱水流体とは異なる起源を持つ可能性のあることが示されていると判断することができます。また同時に、水素・酸素同位体組成では明瞭に区別ができなかった四国地域と大分・和歌山両地域とでは塩分濃度に違いがあり、四国地域の温泉の深部起源流体については堆積層内の古海水あるいは粘土鉱物層間脱水流体といった続成脱水流体に由来する可能性が高いことも示されました。

## 5 溶存成分が示すもの

温泉水の同位体組成と塩分濃度に見られる特徴を確認したところで、それぞれの端成分流体の水質についても見比べてみましょう。ここでは主要溶存6成分（$Na^+$, $Ca^{2+}$, $Mg^{2+}$, $Cl^-$, $SO_4^{2-}$, $HCO_3^-$）によるシュティフダイアグラムを作成し、**図5**に示しました。これまで同様、比較のために現海水のデータも併せて表示しました。シュティフダイアグラムはそれぞれの溶存成分の濃度が中心線からの長さで表現されているダイアグラムですので、その外形を比較することで、水質に見られる特徴を直感的に理解することが可能な判別図となっています。図より、全ての水に共通する特徴としては、①陽イオンではナトリウムイオン（$Na^+$）が、陰イオンでは塩化物イ

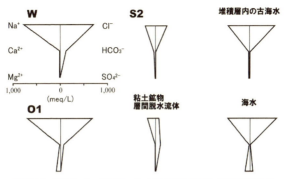

網田ほか（2014）を一部修正。2つの続成脱水流体（堆積層間古海水と粘土鉱物層間脱水流体）については大沢ほか（2010）のデータを使用した。

**図5　和歌山，四国および大分地域の温泉起源流体の主要化学組成によるシュティフダイアグラム**

オン（$Cl^-$）が主な成分であることと，②現海水と異なり硫酸イオン（$SO_4^{2-}$）がほとんど含まれていないことの2点を挙げることができます。前者は，これまでこの種の温泉水が一様に化石海水由来であるとされてきた主な要因となった特徴ですし，後者の特徴については，温泉水の貯留環境が低酸素分圧雰囲気にあるため，元々$SO_4^{2-}$が含まれていたとしても還元されてしまったためである，と考えられています。そのような共通性が認められる一方で，水質タイプについては地域や起源流体による違いが認められました。和歌山と大分の端成分流体（W，O1）および粘土鉱物層間脱水流体起源の温泉水については数千 mg/L 以上の濃度で炭酸水素イオン（$HCO_3^-$）を含む Na-Cl・$HCO_3$ 型水質を示すのに対し，四国の端成分流体（S2）と堆積層内古海水起源の温泉水は炭酸水素イオン（$HCO_3^-$）に乏しく水質タイプとしては Na-Cl 型となっています。

水質タイプの違いに，前項で扱った塩分濃度の特徴を加味しますと，中央構造線沿いに湧出する温泉の深部起源流体とした端成分流

第2章　沈み込むプレートに辿り着く温泉

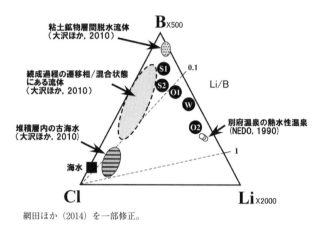

網田ほか（2014）を一部修正。

図6 和歌山，四国および大分地域の温泉起源流体の Li-B-Cl 相対組成図

体は，Na-Cl・$HCO_3$ 型で高塩分である大分・和歌山地域のものと，四国・宮崎地域に存在する堆積層内の古海水に由来すると考えられる Na-Cl 型で高塩分のもの，最後に粘土鉱物層間脱水流体起源と考えられる Na-Cl・$HCO_3$ 型で低塩分のもの，の都合3種類に大別できることが分かりました。

図6は，四国，和歌山，大分の各地域の端成分流体の Li-B-Cl の相対組成です。この Li-B-Cl 相対組成図は，宮崎平野で行なわれた研究において，続成過程で発生する堆積層内の古海水と粘土鉱物層間脱水流体とを明瞭に区別できる判定図として示されたものです。この図において現海水および続成過程の初期段階における堆積層内古海水の脱水流体は Cl コーナー付近に位置し，それに続く過程で発生する粘土鉱物の層間脱水流体はBコーナー付近にプロットされ，Cl-B 軸に沿って両者の遷移相あるいは混合によると考えられる流体が分布することになります。四国，和歌山，大分の端成分流体はいずれも続成脱水流体とは異なる B-Li 軸に沿って分布し，しかも

Li/B 比に多様性が見られる（プロットがばらつく）ことが分かります。唯一，Li/B 比が 0.03 ともっとも低かった四国地域の端成分流体 S1 は，古海水の脱水流体と粘土鉱物層間脱水流体が混合したものが分布する領域の近傍で，かつ B コーナーに近い位置にプロットされており，温泉起源流体が続成脱水流体に近いものであることが示されました。これは**図 4**において，四国の温泉水が，天水起源地下水と 2 種類の続成脱水流体との間の領域にプロットされたことと調和的な結果であると言えます。一方，大分と和歌山の深部起源流体の端成分流体については Li/B 比が 0.12〜0.36 の値をとり，粘土鉱物層間脱水流体と火山性熱水（別府温泉の熱水性温泉；データは新エネルギー・産業技術総合開発機構，1990 による）の間にプロットされました。大沢ほか（2010）は，このような領域にプロットされる高塩分温泉水を続成過程より高温・高圧条件の変成過程で発生する流体であると予想しましたが，そのように考えた場合に水素・酸素同位体組成（**図 3**）の結果とも矛盾しないものとなっています。

## 6 付随ガスの起源を読み解く

**表 1** に，和歌山（W），四国（S2）および大分（O1）で新規に取得した付随ガスの化学組成と，宮崎地域（M）の付随ガス組成（大沢ほか，2010）をまとめて示します。

それぞれの付随ガスの組成を比較しますと，地域によって $CO_2$ と $CH_4$ の組成割合に大きな違いがあることが分かります。変成脱水流体起源であることが予想される和歌山地域と大分地域の付随ガスは 90% 以上が $CO_2$ で占められている一方で，$CH_4$ は 4% 未満しか含まれていないため，$CH_4/CO_2$ 比はそれぞれ $1.3 \times 10^{-2}$，$3.9 \times 10^{-2}$ となっています。これに対して四国の付随ガスには $CO_2$ はほ

表1　和歌山，四国および大分地域と宮崎地域で得られた温泉付随ガスの化学組成

| 名称 | $CO_2$ | $CH_4$ | $N_2$ | $CO_2/CH_4$ |
|---|---|---|---|---|
|  | (%) | | | |
| 四国 (S2) | 0.01 | 74.7 | 25.0 | $7.5 \times 10^3$ |
| 和歌山 (W) | 95.9 | 3.7 | 0.4 | $3.9 \times 10^{-2}$ |
| 大分 (O1) | 97.0 | 1.3 | 1.7 | $1.3 \times 10^{-2}$ |
| 宮崎 (M) | 1.2 | 94.1 | 4.4 | $8.1 \times 10^3$ |

和歌山，四国，大分地域のデータは網田ほか（2014）より，宮崎地域のデータについては大沢ほか（2010）より引用した。

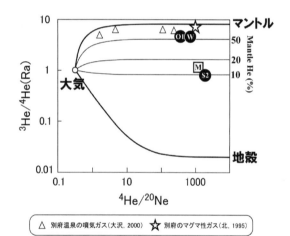

網田ほか（2014）を一部修正。縦軸の単位 Ra は大気のヘリウム同位体比で規格化したもの。

**図7　和歌山，四国および大分地域の温泉起源流体と宮崎平野の続成脱水流体由来の温泉水の $^3He/^4He$ と $^3He/^{20}Ne$（ヘリウム同位体比対ヘリウム/ネオン比）の関係**

とんど含まれておらず，$CH_4/CO_2$ 比は $7.5 \times 10^3$ と和歌山・大分地域と比べて非常に大きな値をとりました。このような $CH_4$ に富む付随ガスは宮崎地域の付随ガスに認められている特徴です。一方の

$CO_2$ を主体とする和歌山，大分の付随ガスは，火山ガスや火山性温泉の付随ガスとまではいかないものの，続成脱水流体に由来する温泉水の付随ガスとは明らかに異なっています。

　以上のような違いを認めたので，それぞれの地域で得られた温泉付随ガスの起源に関する情報を手に入れるために，$^3He/^4He$ 比と $^4He/^{20}Ne$ 比の関係を見てみました（図7）。図中に示した曲線は，大気由来 He と上部マントル由来の He，あるいは大気由来 He と地殻由来の He が混合した場合の混合線となっています。また，火山性温泉に付随するガスの代表的なデータとして，別府温泉の噴気ガスのデータ（北，1995；Kita et al., 1993；大沢，2000）も併せてプロットしました。和歌山と大分の端成分流体はマントル由来 He の混合線付近に，また四国と宮崎はマントル由来 He の混合割合10％〜20％の混合線の付近にプロットされ，$CH_4/CO_2$ 比に見られた分類関係がここでも保たれる（大分・和歌山ペアと宮崎・四国ペア）という結果になりました。そこで，これらのデータを用いて Ohsawa et al. (2011) の手法に倣ってモデル混合計算を行ない，和歌山，大分地域の付随ガスの He について，マントル，大気，地殻成分のそれぞれの構成比率を求めてみました。そうしたところ，和歌山ではマントル He ＝ 55％，地殻起源 He ＝ 45％，大気 He ＝ 0.1％以下，大分ではマントル57％，地殻43％，大気0.1％という計算結果が得られました。一方の四国，宮崎地域ではそれぞれ，マントル He ＝ 9％，地殻起源 He ＝ 91％，大気 He ＝ 0.1％以下，マントル15％，地殻85％，大気0.1％以下となり，明らかに四国，宮崎の方が地殻起源 He の占める割合が大きいことが示されました。

　そこで次に，マントル由来と地殻起源の He が同程度に含まれるという計算結果が得られた和歌山と大分の付随ガスの $CO_2$ に占める起源炭素の混合関係について，その詳細を知るために，Sano and

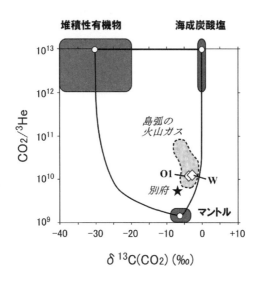

図8 和歌山地域，大分地域の温泉起源流体の付随ガスに含まれる炭酸成分の起源判定図

網田ほか（2014）を一部修正。起源物質としてマントル，海成炭酸塩，体積性有機物を想定しており，それぞれの混合栓が図中に示してある。

Marty（1995）が考案した $CO_2/^3He$ 比と $\delta^{13}C$ の関係図上でデータを吟味しました（図8）。この図上でマントル起源 $CO_2$ と海成炭酸塩起源 $CO_2$，および堆積有機炭素起源の $CO_2$ はそれぞれ異なる位置にあり，分析データと実線で示された混合線との位置関係から各起源 $CO_2$ の寄与の多さ（少なさ）を知ることができる図となっています。ここでも起源流体のデータとの比較のために，別府温泉の噴気ガスのデータ（大沢，2000）や島弧火山のデータ範囲（たとえば，佐藤ほか，1999）を併せてプロットしました。

図に示されているように和歌山，大分地域のデータプロットは島

弧火山から放出されるガスの範囲にあることが見て取れます。そこで，ここでも He と同様に起源炭素の寄与率（混合割合）を数値で表現するため，たとえば酒井ほか（2011）などで用いられている計算方法を使用して，質量および同位体の保存則から $CO_2$ の各起源炭素の構成比率を算出しました。結果は，和歌山（W）の付随 $CO_2$ の起源炭素の構成比率は，マントル $CO_2$ が13％，海成炭酸塩が80％，堆積性有機物は7％となり，沈み込み帯の火山ガスや火山性温泉に付随するガスで認識されているのと同じように（たとえば，Sano and Marty, 1995；大沢, 2000）3つの起源のなかで海成炭酸塩由来の $CO_2$ がもっとも高い構成比率を占めていることが分かりました。同様の傾向は大分（O1）においても認められ，マントル $CO_2$，海成炭酸塩，堆積性有機物由来の炭素の構成比は 13：77：10 となりました。

## 7　温泉起源流体の正体は？

さて，ここまでに温泉の水や付随ガスの化学・同位体組成を用いて，それぞれの起源に関する情報を明らかにしてきました。そこで以降では，それらの情報を活用して，いよいよ温泉起源流体の正体が何者であるのか，考察を進めていくことにしたいと思います。

和歌山と大分地域の温泉起源流体（端成分）は，水の水素・酸素同位体比（$\delta D$ vs. $\delta^{18}O$），$\delta D$ と総塩分濃度の関係，水質タイプ，Li-B-Cl 相対組成，卓越する炭素ガス種（$CO_2$ か $CH_4$ か），高い $^3He/^4He$ 比（マントル He に富む）のいずれにおいても似た特徴を示したことから，実体は同じであると判断するのが妥当であると思われます。大分地域の温泉起源流体に対し，網田ほか（2005）は沈み込む海洋プレートが変成作用を受ける際に発生する脱水流体ではないかと予

見し，大沢ほか（2010）は続成脱水流体より高温・高圧の条件下で発生する変成脱水流体であると推測しました。これらの見立てが正しいとすれば，和歌山地域における温泉起源流体の実体もまた，変成脱水流体であるとすることは順当だと考えます。

## *8* 温泉の湧出母岩に関する考察

前節で変成脱水流体と認定した高塩分温泉水の湧出地には，和歌山地域ではその南側に三波川変成岩類が分布し，大分地域では，前述したように表面的には三波川変成岩類の分布はその東側で途切れるものの，地下深部には同種の変成岩類が潜在していることが推定されています（由佐ほか，1992）。ですから，これらの変成岩が湧出母岩（温泉が湧出している周りの岩石）となっている可能性もありえます。つまり，温泉の起源流体となっている変成脱水流体はこれらの変成岩に包蔵されていたもので，地下深部で生成した変成岩が地表まで上昇してきた際に一緒に運ばれてきたと思えなくもないということです。変成岩がどのようにして地表まで上昇してくるのかは，それ自体が変成岩岩石学上の第一級の問題だそうですが，それはさておいて，今示した考えを模式図にして**図9**のBに示しました。

さて，このモデルでは，付随ガスにマントル由来のHeが含まれていることを別に説明する必要があり，これを詳しく説明すると次のようになります。対象としている温泉が存在するエリア（前弧域）におけるマントル由来のHeの主な供給源はマントルウェッジ（沈み込んだプレートとその上の地殻に挟まれたクサビ状の部分のことで**図9**の中に示してあります）であると考えられますが，変成脱水流体が変成岩体内に包蔵されたままマントルウェッジ内を上昇する場合には，その包蔵流体はマントルと直接接触しないため，

「地表まで上昇してきた変成岩体内に包蔵されている変成脱水流体に後からマントルHeが流入する」というような複雑なプロセスを考えなければならなくなります。加えて，この解釈にとって障害となるのが，温泉水と湧出母岩の年代の不一致です。実は，和歌山と大分地域の温泉起源流体（それぞれ温泉水試料のW1_d1とO1）については，$^{129}$Iを用いた年代測定が行なわれており（Tomaru et al., 2007），それによると，大分の温泉水試料のヨウ素年代は約13 Ma（Maは100万年を意味します），和歌山のそれは約38 Maと求められています。これに対し，湧出母岩となっている三波川変成岩の形成年代は，大分地域に産するもので83.5 ± 0.8 Ma（泥質片岩；植田ほか，1977），49-95 Ma（結晶片岩；梶原ほか，1990），和歌山地域に産するもので70 ± 5 Ma，74 ± 5 Ma（緑色片岩；

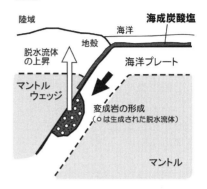

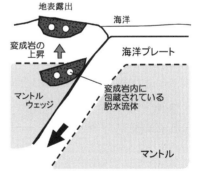

A：生成された変成脱水流体自体が上昇してくる場合。B：変成脱水流体が変成岩に包蔵された状態で共に地表まで上昇してくる場合。

**図9　変成作用によって生成された脱水流体の上昇過程について概念的に示した図**

第2章　沈み込むプレートに辿り着く温泉　　61

Yamaguchi and Yanagi, 1970）と求められており，温泉水の方が湧出母岩より新しいということになります。もし変成脱水流体が変成岩に包蔵されたまま上昇してきたのならば，変成脱水流体を起源とする温泉水と母岩の変成岩の年代は一致しなければならないはずです。

　以上のようにこのモデルではあんばいがよくなく，他に適当なモデルを考えなければならないわけですが，それは私たちがすでに想定しているもので，変成脱水流体が単独で地殻浅部まで移動してくるという考え方です（図9のA）。このモデルであれば，脱水流体がマントルウェッジ内を上昇する間にマントルHeを流体側に十分に取り込むことができますし，湧出母岩との年代が一致しないことも全く障害にはなりません。とてもシンプルで分かりやすいモデルであり，これが事実にもっとも近いものと考えます。

　ここまでの一連の考察の結果を基にして，西南日本の沈み込み帯における温泉の深部起源流体の生成プロセスの概念を図示したのが図10で，内容を説明すると次のようになります。〔Ⅰ〕海洋プレートの沈み込みに伴って地球内部へ引きずり込まれはじめた海底堆積物は圧密によって堆積物間隙がつぶれ，その結果，間隙を満たしていた海水が放出されます（堆積層中の古海水）。〔Ⅱ〕プレートが深く沈み込むにつれて間隙は完全になくなりますが，温度上昇によって粘土鉱物の層間から塩分濃度の低い水（層間水）が脱水してきます（粘土鉱物層間脱水流体）。〔Ⅲ〕さらにプレートが沈み込むと続成過程から変成過程に移り変わり，含水鉱物（雲母や角閃石など）の脱水分解によって構造水（-OH）の放出が起こります（変成脱水流体の発生）。〔Ⅳ〕プレートの沈み込み深度が100 km程度に達すると，プレート脱水流体は地表への上昇途中でマグマを発生させ，マグマに含まれる水として地殻浅部まで運ばれます。なお，〔Ⅳ〕に示した最後の段階は従来から説明されている火山性熱水の生成過

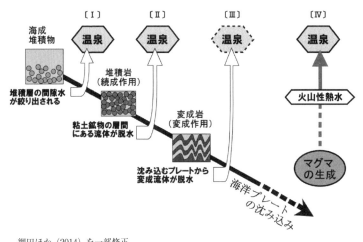

網田ほか（2014）を一部修正。

図10　西南日本におけるプレートの沈み込みに伴って生じる続成・変成作用と温泉の深部起源流体の生成プロセスに関する概念図

程であり，それよりもプレートの沈み込みの浅い段階（地質学的には前弧域）で少なくとも3つの異なるタイプの脱水が起こり，そのいずれもが温泉の起源流体になっている可能性があるということが私たちのオリジナルな研究成果です。

　これら一連の考察の最後に，温泉起源流体の正体はプレート脱水流体であるとした結論を受けて，もう一度データを見直してみたいと思います。**図11・A**は，和歌山，四国，大分の各地域の温泉起源流体のデータを，**図6**と同様のLi-B-Cl相対組成図にプロットしたものです。図中に書き込まれている矢印付の太い曲線は，大沢ほか（2010）が表わした深部脱水流体の"進化的組成変化"の予想経路です。温泉起源流体のデータは，粘土鉱物層間の脱水が起こる後期続成過程からマグマに由来する火山性熱水に向かう変化経路に沿って並んでいることが分かります。また，**図11・B**は，温泉起源流体の

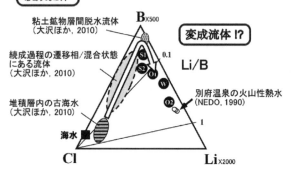

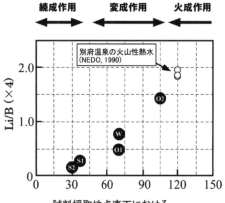

A：和歌山，四国および大分地域の温泉起源流体の Li-B-Cl 相対組成図。図中に示したのは続成過程から変成過程にいたる過程で脱水流体に「進化的組成変化」が起こる場合に Li-B-Cl 相対組成がたどる組成変化の予想経路（大沢ほか，2010）。B：温泉起源流体の深部端成分流体の Li/B 比と試料採取地点直下の沈み込みプレートの深度との関係（網田ほか〔2014〕を一部修正）。

**図11 温泉起源流体の組成変化と海洋プレート沈み込み深度の関係**

Li/B比と湧出地点直下のフィリピン海プレートの沈み込み深度との関係を図示したものです。プレート脱水流体に由来すると考えた温泉の深部起源流体のLi/B比とプレート沈み込み深度との間には明瞭な直線関係が認められ，海洋プレートの沈み込みで発生する脱水流体には進化的組成変化があることを支持する関係であると考えます。そして，今回の私たちの提案は「A温泉は△△起源」，「B温泉は○○起源」といったような個別の起源論に終始することなく，プレートの沈み込みという重要な地球科学的現象と温泉起源論を結びつけたところが，これまでの研究とはひと味違う点であると思っています。

## *9* 深部起源流体と中央構造線との関係

　大分平野において，温泉の深部起源流体としてプレート脱水流体の存在を意識して以来，私たちは探索のよりどころのひとつとして塩分濃度に着目し，高塩分の温泉や鉱泉を調査してきました。そして私たちが注目したもうひとつの重要ポイントが，中央構造線です。それは，深部起源流体が地表まで移動してくることは容易なことではなく，地殻中での流体の上昇を手助けしてくれる存在として大規模な断層が果たす役割は大きいのではないかと考えたからでした。

　大規模断層が深部起源流体の上昇通路として機能しているのであれば，「地下深部において発生した流体が地表のどこにでも見られるわけでないのはどうしてか」という疑問にも回答を与えてくれることになります。地層間隙が極めて小さくなる地下数km以深の領域では，流体（特に液体状態）の地殻中における移動が困難であるため，流動がほとんど生じていないか，あるいは生じていたとしても，その移動速度と量が極めて少量にとどまっているものと考えら

れます。そうしますと，次々に地下深部で発生し，行き場がなく滞留している状態の深部流体は，地殻中を流動するための移動効率の良い通路が存在している場合にのみ，ある程度の量を地殻浅部や地表近くへ輸送することが可能になるはずです。そして，西南日本の前弧域においては，中央構造線に代表される大規模な地質構造線・断層がその役割を果たしているのではないかと考えられます。今回の研究で扱った高知県に湧出する温泉 S2 で深部起源流体の寄与が確認されたのも，議論の余地はありますが，仏像構造線が中央構造線と同様に深部流体の上昇を助ける機能をもっていたことを暗示していると考えます。

一方，深部起源流体に由来する高塩分の温泉・鉱泉水が，ごく限られた場所でしか見られないのに対して，水の起源が天水であるにもかかわらず，付随あるいは溶存するガスが深部起源である温泉や地下水が見出されるケースは少なくありません (Matsumoto et al., 2003；Umeda et al., 2006；Doğan et al., 2006；Sano and Nakajima, 2008；酒井ほか, 2011)。これは，ガス，特に He に関しては液体に比べて圧倒的に散逸性が高く，地殻中の小さな割れ目や間隙を通して地下浅部までの移動が生じやすいためだと考えます。

## 10 おわりに

私たちが行なってきた研究によって，中央構造線沿いに分布する Na-Cl, $HCO_3$ 型高塩分温泉の深部起源流体の正体が，フィリピン海プレートの沈み込みによってプレート（岩盤）に起こる変成作用に伴って生じた熱水流体である可能性が高いことが分かりました。そして，沈み込む海洋プレートから発生する脱水流体はただの一種類ではなく，変成作用に至るまでのより浅部の低温・低圧下で起こ

る続成作用でも生じ、同じく温泉の起源流体となっていることも提案できました。しかしながら、和歌山や大分地域の温泉の深部起源流体を変成脱水流体であると判断したことについては、だれもが容易に納得できる直接的なデータを提示することによって立証したのではなく、いわば状況証拠の積み重ねによって到達した結論と言えますので、推測の域を完全に脱しきれていないことも否めません。プレート脱水流体の発生する深度は少なくとも地下 10 km で、それを上回ることは普通だと思われますので、確実にそれらに由来する温泉が存在したとしても、深部流体の地球化学的特性の多くが地表へ上昇してくる過程の中で消されてしまっていると考えるのが自然ですし、そのことが温泉の化学成分を使った深部起源流体の研究そのものを難問にしていると考えています。私たちの研究はまだまだ続いていきますので、その中で何とかこの高い壁を乗り越えたいと思っています。

　以上でこの章のお話は終わりですが、いかがだったでしょうか。温泉の研究は水だけを取り扱うのではなく、時として、付随ガスも調べてみたり、あるいは地質学的・鉱物学的諸情報を交えて多角的な検討を加えてみたりと、多岐にわたるデータや幅広い分野の知識を総動員して、ようやく結論に辿りつきます。そんな温泉科学の総合科学的な一面を知り、興味をもっていただけたのであれば嬉しく思います。

　　【謝辞】　本文中でも触れましたが、本章で紹介した研究は、私ひとりで行なったものではなく、熱水流体研究グループのメンバーを中心とする多くの共同研究者の方々と共に進められたものです。また、現地での調査の際には泉源の所有者や管理者の方々にご理解・ご協力いただき研究試料の採取を行なうことができました。同位体分析では、ニ

ュージーランド地質核科学研究所の安定同位体研究室（Stable Isotope Laboratory, GNS Science Limited），九電産業株式会社環境部にお世話になりました。以上の方々に深く感謝いたします。

### ■引用・参照文献

網田和宏・大沢信二・杜建国・山田誠（2005）「大分平野の深部に賦存される有馬型熱水の起源」『温泉科学』55，64-77．

網田和宏・大沢信二・西村光史・山田誠・三島壮智・風早康平・森川徳敏・平島崇男（2014）「中央構造線沿いに湧出する高塩分泉の起源―プレート脱水流体起源の可能性についての水文化学的検討―」『日本水文科学会誌』44，17-38．

Deines, P. (2002) The carbon isotope geochemistry of mantle xenoliths, *Earth-Science Reviews*, 58, 247-278.

Doǧan, T., Sumino, H., Nagao, K. and Notsu, K. (2006) Release of mantle helium from forearc region of the Southwest Japan arc, *Chemical Geology*, 233, 235-248.

愛媛県立衛生環境研究所（1999）『愛媛県立衛生環境研究所年報』2，63p．

Ellis, A. J. and Mahon, W. A. J. (1964) Natural hydrothermal systems and experimental hot-water/rock interactions, *Geochimica et Cosmochimica Acta*, 28, 1323-1357.

Ellis, A. J. and Mahon, W. A. J. (1967) Natural hydrothermal systems and experimental hot-water/rock interactions (Part II), *Geochimica et Cosmochimica Acta*, 31, 519-538.

Ichikawa, K. (1980) Geohistory of the Median Tectonic Line of Southwest Japan, *The Memoirs of the Geological Society of Japan*, 18, 187-212.

梶原俊啓・西山忠男・柳哮（1990）「佐賀関の三波川変成岩の全岩時代と鉱物年代」『日本地質学会第97回学術大会講演要旨集』406．

Kita, I., Nitta, K., Nagao, K., Taguchi, S. and Koga, A. (1993)

Difference in $N_2/Ar$ ratio of magmatic gases from northeast and southwest Japan: New evidence for different states of plate subduction, *Geology*, 21, 391-394.

北逸郎（1995）「別府―島原地溝下のプレートの沈み込み状態の怪―そのマグマ性 $N_2/Ar$ 比と $^3He/^4He$ 比の意味―」『地質ニュース』488, 19-23.

Matsumoto, T., Kawabata, T., Matsuda, J., Yamamoto, K. and Miura, K. (2003) $^3He/^4He$ ratios in well gases in the Kinki district, SW Japan: surface appearance of slab-derived fluids in a non-volcanic area in Kii Peninsula, *Earth and Planetary Science Letters*, 216, 221-230.

水谷伸治郎・歌田実（1987）「続成作用」勘米良亀齢・水谷伸治郎・鎮西清高編『岩波講座地球科学5　地球表層の物質と環境』岩波書店, 35-49.

西村進（2000 a）「紀伊半島における前弧火成作用と温泉」『温泉科学』49, 207-216.

西村進（2000 b）「四国北部の地質構造と温泉」『温泉科学』50, 113-119.

Nishio, Y., Sasaki, S., Gamo, T., Hiyagon H. and Sano, Y. (1998) Carbon and helium isotope systematics of North Fiji Basin basalt glasses: carbon geochemical cycle in the subduction zone, *Earth and Planetary Science Letters*, 154, 127-138.

大沢信二（1996）「大分平野の温泉水の起源について」『大分県温泉調査研究会報告』47, 37-42.

大沢信二（2000）「噴気ガスの化学・同位体組成からみた別府温泉の地熱流体の起源及び性状」『大分県温泉調査研究会報告』51, 19-28.

大沢信二（2001）「大分平野に産する深層熱水中の炭酸成分の起源」『大分県温泉調査研究会報告』52, 21-26.

大沢信二・網田和宏・山田誠・三島壮智・風早康平（2010）「宮崎平野の大深度温泉井から流出する温泉水の地化学特性と成因―温泉起源

流体としての続成脱水流体—」『温泉科学』59, 295-319.

Ohsawa, S., Sakai, T., Yamada, M., Mishima, T., Yoshikawa, S. and Kagiyama, T. (2011) Dissolved inorganic carbon rich in mantle component of hot spring waters from the Hitoyoshi basin in a non-volcanic region of Central Kyushu, Japan, *J. Hot Spring Sciences*, 60, 410-417.

酒井均・松久幸敬 (1996)『安定同位体地球化学』東京大学出版会, 83-141.

酒井拓哉・大沢信二・山田誠・三島壮智・吉川慎・鍵山恒臣・大上和敏 (2011)「九州中央部の非火山地域に湧出する温泉の炭酸成分の起源」『温泉科学』60, 418-433.

Sano, Y., Kameda, A., Takahata, N., Yamamoto, J. and Nakajima, J. (2009) Tracing extinct spreading center in SW Japan by helium-3 emanation, *Chemical Geology*, 266, 50-56.

Sano, Y. and Marty, B. (1995) Origin of carbon in fumarolic gas from island arcs, *Chemical Geology*, 119, 265-274.

Sano, Y. and Nakajima, J. (2008) Geographical distribution of $^3$He/$^4$He ratios and seismic tomography in Japan, *Geochemical Journal*, 42, 51-60.

佐々木昭 (1977):「安定同位体と鉱床」立見辰夫編『現代鉱床学の基礎』東京大学出版会, 77-95.

佐藤雅規・森俊哉・野津憲治・脇田宏 (1999)「霧島火山地帯から放出される噴気, 温泉ガスの炭素およびヘリウム同位体比」『火山』44, 279-283.

茂野博 (1982)「非火山性地域の地熱資源—深層熱水—」『地質ニュース』337, 202-203.

新エネルギー・産業技術総合開発機構 (NEDO) (1990)『平成元年度全国地熱資源総合調査 (第3次) 広域熱水流動系調査 鶴見岳地域流体地化学調査報告書要旨』90-91.

寺岡易司 (1970)「九州大野川盆地付近の白亜紀層」『地質調査所報告』

237, 87p.

Tomaru, H., Ohsawa, S., Amita, K., Lu, Z. and Fehn, U. (2007) Influence of subduction zone settings on the origin of forearc fluids: Halogen concentrations and $^{129}$I/I ratios in waters from Kyushu, Japan, *Applied Geochemistry*, 22, 676-691.

植田良夫・野澤保・大貫仁・河内洋佑 (1977)「三波川変成岩の K-Ar 年令」『岩石鉱物鉱床学会誌』72, 361-365.

Umeda, K., Ogawa, Y., Asamori, K. and Oikawa, T. (2006) Aqueous fluids derived from a subducting slab: Observed high $^3$He emanation and conductive anomaly in a non-volcanic region, Kii Peninsula southwest Japan, *Journal of volcanology and geothermal research*, 149, 47-61.

Yamaguchi, M. and Yanagi, T. (1970) Geochronology of some metamorphic rocks in Japan, *Eclogae Geologicae Helvetiae*, 63, 371-388.

由佐悠紀・竹村恵二・北岡豪一・神山孝吉・堀江正治・中川一郎・小林芳正・久保寺章・須藤靖明・井川猛・浅田正陽 (1992)「反射法地震探査と重力測定による別府湾の地下構造」『地震』2 輯, 45, 199-212.

第3章

# 高アルカリ性温泉水〈丹沢山地〉

板寺一洋

## 1 はじめに

「温泉とは,どんな水なのか?」について考えるとき,多くの方は,地面の下に何か体に良い特殊な水があって,それを温泉と呼んでいるのだとイメージしているかもしれません。英語で温泉は「hot spring」,文字通り「温かい泉」というわけですが,日本において温泉とは,昭和23年に制定された温泉法の第2条に「地中からゆう出する温水,鉱水及び水蒸気その他のガス(炭化水素を主成分とする天然ガスを除く)で,別表に掲げる温度又は物質を有するものをいう」と定義されており,定量的な基準が設定されています。つまり,科学的には,地下水に大別される水のうち,人が定めた成分や温度の基準を満たしているものが温泉と呼ばれているにすぎません。

温泉を調べることとは,地下水が,基準を満たすような温度や成分を獲得するにいたった仕組みや,そして,それらを抱合している水はどこで涵養されているかを明らかにすることに相当します。こ

の作業には，純粋に学術的な意義があり，それをさらに発展させ，地球の深部で生じている事象の解明に結びつける研究も多く行なわれています。一方，もう少し身近な視点に立てば，貴重な資源である温泉を，保護しながら有効に利用し続けていくためには，温泉の開発や汲み上げに関するルールが必要であり，そのルールを定めるために，温泉の3要素とも言える「温度，成分，水」の由来を科学的に明らかにすることが不可欠です。ところが，一言で温泉を調べると言っても，私たちはその様子を直接見ることはできません。そのため実際には，自然湧出泉や掘削揚湯泉を通して得られる情報をもとに，それを説明するための全体像（モデル）を推定する作業が重要となります。

　神奈川県温泉地学研究所は，今から50年ほど前の1961年に神奈川県によって設置された研究機関です。当時，神奈川を代表する温泉地である箱根や湯河原においては，温泉開発が盛んに行なわれており，新規源泉の掘削や揚湯により，既存源泉へ影響が及んだとの争いが絶えませんでした。そのため，温泉行政を所管する神奈川県として，科学的知見を集積し，それに裏打ちされ客観的な根拠に基づいて温泉の保護や開発の規制を行なうべきとの考えから，温泉の研究を行なう専門機関として，前身である神奈川県温泉研究所が設置され，現在にいたります。公的機関として「温泉の研究」をメインとした研究所は全国的にも珍しいのですが，それとともに，温泉の登録分析機関（かつては指定分析機関）であることから，開設当初から，温泉成分の分析を数多く手掛けてきました。さらに，井戸の掘削時などに得られる地質に関する様々な情報収集を進めるほか，近年では，地下水の涵養源や温泉水の起源を探るため有効な水の酸素・水素同位体比を測定する装置も導入され，これらをツールとして，主に神奈川県内の温泉の成因解明に取り組んできました。その

中で，神奈川県の丹沢山地(たんざわ)周辺に分布する pH9 以上の高アルカリ性を特徴とする温泉・鉱泉も対象とされてきました。ここでは，その結果などをもとにして，丹沢山地の高アルカリ性の温泉について解説します。

## 2 丹沢山地と周辺の温泉・鉱泉地の概要

神奈川県の北西部に位置する丹沢山地は，東西 50 km，南北 30 km にわたり，その面積は県土の 5 分の 1 を占めています。神奈川県の屋根とも言われ，神奈川県最高地点でもある最高峰の蛭ケ岳(ひる)（1673 m）や，古くから山岳信仰の対象とされてきた大山（1252 m）をはじめ標高 1000 m を超える多くの山々からなっています。

丹沢山地の地質構造の概要について解説した資料（神奈川県, 1987；神奈川県立生命の星・地球博物館, 1999）によれば，丹沢山地には，丹沢層群と呼ばれる約 2500 万年前の海底火山活動に由来する火山岩・火成岩が厚く堆積し，グリーンタフ化しています。新第三紀には，その中央部にトーナル岩や石英閃緑岩，斑れい岩などからなる深成岩体が貫入し，深成岩体の周辺部には緑色片岩などの変成岩類が形成されています。こうして，丹沢層群にはドーム状の構造が形成され，ドーム構造の外側ほど若い地層が分布しています。

丹沢山地周辺には多くの湧水が分布しており，これを簡易水道として利用している地域もあります。さらに，古くから知られている七沢，飯山，鶴巻，中川などの温泉地のほか，多くの鉱泉地が点在しています（図1）。それらを対象とした調査結果（粟屋ほか, 2001a；粟屋ほか, 2001b；大木ほか, 1964；荻野ほか, 1973；田嶋ほか, 1967）によれば，これらの温泉・鉱泉は，水温が年平均気温より数℃あるいはそれ以上高く，温泉としては溶存成分量が少ないものの，高いア

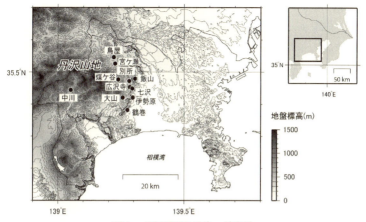

**図1 丹沢周辺の温泉・鉱泉地**

ルカリ性を示す特徴が知られており,中にはpH10以上のものも報告されています。また,2003年には,厚木市飯山で実施された深度200mの掘削事例おいて温度17.5℃,pH11.3の地下水(温泉法の温泉)の湧出が確認されています。

さらに,これらの地域を対象としたボーリング調査(神奈川県温泉研究所大山試錘調査グループ,1970;神の川温泉地質調査グループ,1969b)によっても,同様の性質を示す地下水が確認されていることから,高アルカリ性を示す地下水が,丹沢山地の周辺に広く分布していると見ることができます。実際に,国内のアルカリ性泉の分布についてまとめた事例(http://www.asahi-net.or.jp/~ue3t-cb/bbs/special/sience_of_hotspring/sience_of_hotspring_index.htm)においても,pH9.5以上の高アルカリ泉が特に集中している地域として,阿武隈山地から八溝山系,天竜〜奥三河地域,美濃山地,四国西部とともに,関東山地南部から丹沢山地にかけての地域が挙げられています。

## 3　高アルカリの特徴はどうして生まれたか？

　**表1**に，荻野ほか（1973）および田嶋ほか（1967）に基づき，**図1**に示した鉱泉・温泉地における地下水の主要成分濃度，pH，温度等のデータを示しました。このデータから，地下水のpHは6.6から10.5までの範囲に及び，温度は10℃付近から40℃付近までの範囲に及んでいることが見てとれます。**図2**は，**表1**のデータと，石坂ほか（1993）が神奈川県内各地の200箇所あまりの地下水について調査した主要溶存成分に関するデータをもとに，溶存成分総量とpHの頻度分布を比較したものです。試料数が限られているものの，神奈川県内の地下水全体と比較しても，丹沢周辺の温泉・鉱泉水は，溶存成分量が少なく，pHが高い特徴を認めることができます。なお，**表1**に鶴巻地域の地下水として掲げた事例は，1 kg中の溶存成分総量が7290 mgと非常に高くなっています。これは化石海水に由来するものと考えられている（大木ほか，1964）ことから，ここで解説する丹沢周辺の高アルカリ地下水には含めないことにします。

　丹沢山地の中央部に分布する石英閃緑岩や変成岩中には，節理に沿って白色の細脈が形成されており，そのほとんどがローモンタイト（濁沸石）などのカルシウムを多く含む沸石であることが明らかとなっています（大木ほか，1964；神の川温泉地質調査グループ，1969a；大山地区地質調査班，1970）。

　ローモンタイト（$CaAl_2Si_4O_{12} \cdot 4H_2O$）は，変成度の低い変成岩である緑色片岩中の沸石相を代表する鉱物のひとつであることから，丹沢山地に産出する沸石類は数十万年前の熱水活動の名残であると考えられていました。さらに，丹沢周辺のいわゆる温泉・鉱泉が，

**表1 丹沢周辺の温泉・鉱泉水の主要溶存成分等**

| 地域 | 井戸深度 (m) | 温度 (℃) | pH | $Na^+$ (mg/kg) | $Ca^{2+}$ (mg/kg) | $Cl^-$ (mg/kg) | $SO_4^{2-}$ (mg/kg) | $HCO_3^-$ (mg/kg) | 溶存成分総計 (mg/kg) |
|---|---|---|---|---|---|---|---|---|---|
| 七沢・広沢寺 | 4.5 | 20.6 | 9.8 | 71.8 | 0.69 | 28.9 | 64.6 | 38.5 | 259. |
| | 1.2 | 20.4 | 9.8 | 52.5 | 0.95 | 15.4 | 38.0 | 37.1 | 195. |
| | 20. | 20.1 | 9.4 | 79.6 | 9.28 | 44.1 | 93.0 | 27.3 | 296. |
| | 2.2 | 19.3 | 9.7 | 57.2 | 0.86 | 16.2 | 40.3 | 41.2 | 217. |
| | 25. | 19.6 | 9.7 | 63.5 | 0.73 | 19.4 | 48.0 | 36.5 | 234. |
| | 25. | 19.1 | 9.6 | 49.6 | 0.77 | 12.4 | 33.8 | 37.4 | 190. |
| | 500. | 22.1 | 9.4 | 184. | 2.48 | 97.3 | 204. | 46.8 | 610. |
| | 30. | 16.1 | 6.8 | 9.50 | 17.2 | 11.0 | 9.99 | 67.3 | 201. |
| | 25. | 15.9 | 7.3 | 6.83 | 13.0 | 10.1 | 8.74 | 54.1 | 167. |
| | 18.5 | 14.0 | 6.8 | 8.19 | 12.9 | 7.82 | 13.8 | 52.0 | 156. |
| | 5.3 | 17.6 | 9.9 | 61.8 | 0.78 | 17.0 | 41.8 | 34.4 | 249. |
| | 18.9 | 15.9 | 6.8 | 8.12 | 29.1 | 16.0 | 28.1 | 63.0 | 223. |
| | | 22.7 | 9.8 | 51.0 | 1.38 | 9.63 | 28.6 | 39.2 | 185. |
| 飯山 | 自然湧出 | 17.3 | 7.7 | 6.33 | 16.4 | 6.25 | 11.1 | 64.1 | 151. |
| | | 15.8 | 6.8 | 6.31 | 22.4 | 11.4 | 23.3 | 55.7 | 186. |
| | 自然湧出 | 14.5 | 6.8 | 5.20 | 14.9 | 6.44 | 9.60 | 70.4 | 167. |
| | 自然湧出 | 16.0 | 7.1 | 6.29 | 15.9 | 7.79 | 11.7 | 66.1 | 157. |
| | | 15.6 | 6.6 | 7.55 | 27.4 | 9.97 | 26.7 | 74.1 | 224. |
| | | 14.8 | 6.8 | 7.11 | 26.9 | 10.0 | 21.1 | 74.7 | 205. |
| | 自然湧出 | | 7.3 | 8.90 | 23.4 | 7.11 | 22.8 | 78.1 | 181. |
| 別所 | | 17.4 | 9.7 | 48.8 | 1.75 | 12.3 | 8.45 | 66.3 | 212. |
| 煤ヶ谷 | 自然湧出 | 15.7 | 8.9 | 47.2 | 2.33 | 4.76 | 17.2 | 109. | 241. |
| 宮ヶ瀬 | 自然湧出 | | 9.0 | 148. | 1.32 | 19.7 | 47.1 | 250. | 528. |
| 鳥屋 | 自然湧出 | 7.6 | 8.8 | 93.5 | 14.1 | 4.80 | 60.0 | 217. | 428. |
| 伊勢原 | 80. | 19.1 | 7.6 | 21.1 | 36.0 | 32.4 | 31.4 | 112. | 309. |
| 大山 | 180. | 17.8 | 10.5 | 35.4 | 6.32 | 4.88 | 47.4 | | |
| 鶴巻 | 500. | 34.3 | 8.6 | 1040. | 1565. | 4333. | 277. | 9.57 | 7290. |
| 中川 | 115.7 | 32.3 | 10.00 | 133. | 17.5 | 34.84 | 227. | 34.7 | |
| | 68.9 | 32.9 | 9.93 | 153. | 19.9 | 44.57 | 260. | 32.6 | 581. |
| | 98.3 | 26.6 | 8.95 | 77.5 | 18.1 | 23.10 | 142. | 41.5 | |
| | 295 | 39.6 | 10.31 | 198. | 33.64 | 61.73 | 340.6 | 30.1 | 749. |
| | 52.7 | 14.1 | 9.58 | 22.5 | 4.605 | 4.487 | 7.57 | 48.4 | 122. |
| | 50.5 | 14.7 | 7.83 | 7.13 | 11.75 | 6.761 | 9.49 | 42.5 | 99.9 |
| | 50.3 | 19.0 | 8.46 | 25.0 | 9.63 | 4.99 | 8.07 | 79.0 | |
| | 290 | 30.7 | 9.70 | 64.8 | 9.619 | 10.78 | 110.9 | 39.5 | 286.4 |
| | 501. | 25.3 | 9.68 | 68.0 | 6.733 | 11.76 | 119.3 | 37.5 | 288.1 |
| | | 22.2 | 8.70 | 12.9 | 22.04 | 4.901 | 14.4 | 66.5 | 142.6 |
| | 400. | 15.1 | 10.30 | 41.0 | 10.18 | 4.607 | 63.56 | 25.3 | 199.8 |

中川地域の試料は田嶋ほか(1967),それ以外の地域の試料は荻野ほか(1970)による。

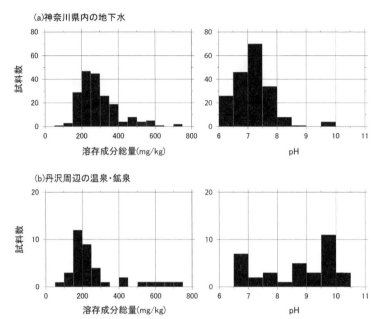

図2　神奈川県内の地下水と丹沢の温泉・鉱泉水の総溶存成分量およびpHの比較

一般的な温泉としては温度が低いとはいえ，年平均気温以上の温度を有することから，当初は，これらの温泉・鉱泉も，丹沢地域に数十万年前に生起していた熱水活動の名残であり，丹沢山地の深部において，帯水層を構成する岩石中に晶出している沸石との反応により，高いpH値を示すものと考えられていました（大木ほか，1983）。

表1に掲げたデータをもとに，pHと総溶存成分量および温度の関係を示した図3によれば総溶存成分量とpHとの間に明瞭な関係は見いだすことはできません。一方，pHが高い地下水には，相対的に温度の高いものがあり，特にpHが9以上の地下水の中には，温度が25℃以上（温泉法による温泉の基準）のものも見られ，や

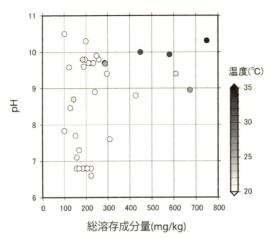

図3 温泉・鉱泉水の総溶存成分量, pH, 温度の関係

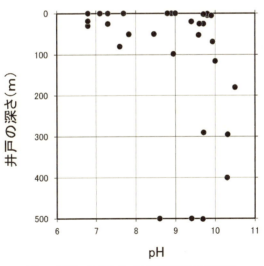

図4 温泉・鉱泉水のpHと井戸深度との関係

はり，この地域の温泉・鉱泉水を調べる上で，高い pH がポイントとなっていることが分かります。

こうした高い pH を示す地下水がどこに貯留されているのかを把握するために，温泉の採取深度の情報が重要となります。一般に，温泉採取深度の特定は，源泉掘削時のボーリング試料の観察や，その後実施される電気検層や温度検層などのデータに基づいて行なわれます。しかし実際にはそうした情報が十分に揃う場合は多くありません。そこで，温泉採取深度と井戸深度との間に，一定の相関があると仮定し，温泉・鉱泉水の pH と井戸深度の関係を示しました（**図4**）。また，自然湧出泉については深度 0 m とみなしています。**図4**によると，pH9 以上の地下水は，表層から深度 500 m までの範囲に広く存在していることが分かります。

**図5**は**表1**のデータに基づいて作成したトリリニアダイアグラムです。トリリニアダイアグラムの中央の菱形図は，一価の陽イオン（$Na^+$ と $K^+$）と二価の陽イオン（$Ca^{2+}$ と $Mg^{2+}$）の比，および，主に地下深部を起源とする陰イオン（$Cl^-$ と $SO_4^{2-}$）と浅層の反応に由来する陰イオン（$HCO_3^-$）の比との関係を示しており，左右の三角図は，陽イオンと陰イオンのそれぞれの構成比を示しています。

**図5**において，丹沢周辺の温泉・鉱泉水については pH9 を境として凡例を分けてプロットしてあります。これによると pH が 9 未満の地下水のほとんどは，陽イオンについてはカルシウムイオンとマグネシウムイオン，陰イオンについては重炭酸イオンをそれぞれ主体とする領域にプロットされています。こうした特徴は，比較のために示した西丹沢における河川水の成分組成（石坂・松木，2000）と似通っていることから，pH が 9 未満の温泉・鉱泉水は，丹沢地域の浅層地下水に由来すると考えてよいでしょう。

これに対して，pH9 以上の温泉・鉱泉水は，pH9 未満のものとは

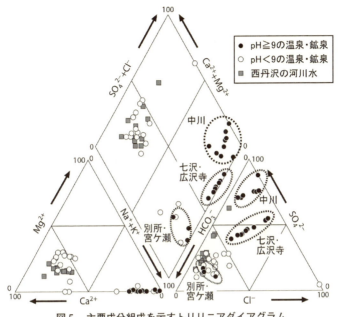

**図5 主要成分組成を示すトリリニアダイアグラム**

明らかに異なる成分組成を呈しており,陽イオンは $Na^+(+K^+)$ が80%以上を占め,陰イオンは $SO_4^{2-}$ を主体としています。さらに,菱形図や陰イオンの三角図において,温泉地によってプロットされる領域が異なっています。丹沢山地には,中央部に深成岩複合岩体,その周辺部に変成岩類,さらに外側に向かい若い火山岩・火成岩が分布するというドーム状構造を呈しており,温泉・鉱泉水の貯留相の違いが成分組成の違いをもたらしている可能性が考えられます。

さて,地下水のpHを上昇させる原因としては,まず,炭酸塩鉱物(CaCO3)の溶解に伴う水素イオンの消費(次式)を挙げることができます。

$$CaCO_3 + 2H^+ \rightarrow Ca^{2+} + CO_2 + H_2O \qquad (1)$$

しかしながら,炭酸カルシウムの溶解度は小さいため,通常,この反応はすぐに飽和に達してしまいます。次いで,水-岩石相互作用に起因する可能性が考えられ,一國ほか(1982)が,地下水とカオリナイト,Caモンモリロナイトを含む系の平衡について議論しています。丹沢周辺の温泉・鉱泉水が高アルカリという特徴を得るにいたった原因についても,溶存成分量が少ないことから,地下深部に何らかのソースの存在を考えるよりも,まずは,地下に浸透した降水と岩石との反応によると考えるべきでしょう。

大木ほか(1983)によれば,丹沢山地の地下に存在する高アルカリの地下水は,当初,丹沢山地の基盤をなす石英閃緑岩中に見いだされるローモンタイトなどカルシウムを多く含む沸石や方解石等との反応によって形成されると見られていました。しかしながら,**図5**に示した通り,高いpHを示す温泉・鉱泉水はNa-SO$_4$型の水質組成を示しています。さらに,カルシウムイオン,重炭酸イオンの濃度とpHとの関係を示した**図6**および**図7**によれば,それぞれの濃度とpHとの間の明瞭な相関関係を認められず,どちらかと言えばpHが高いほど,それぞれの濃度は低くなる傾向が見られます。主要成分の示すこれらの特徴は,温泉・鉱泉水の高いpHがCa沸石などCaを含む鉱物の溶解に起因するとの考え方では説明することはできません。

そこで,大木ほか(1983)は,Ca鉱物と地下水との化学平衡を考慮し,丹沢山地の高アルカリ地下水の生成過程について検討しています。具体的には,灰長石(かいちょうせき)およびローモンタイトの関連する系について,関係鉱物間の溶解反応式を用いて,鉱物が安定となる条件を検討し,実際のデータと比較する作業を行ないました。その概要

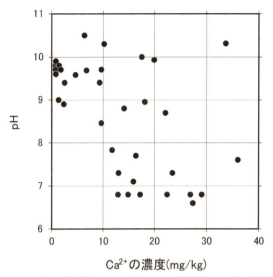

図6　温泉・鉱泉水のカルシウムイオン濃度とpHとの関係

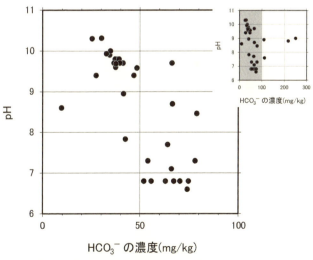

図7　温泉・鉱泉水の重炭酸イオン濃度とpHとの関係

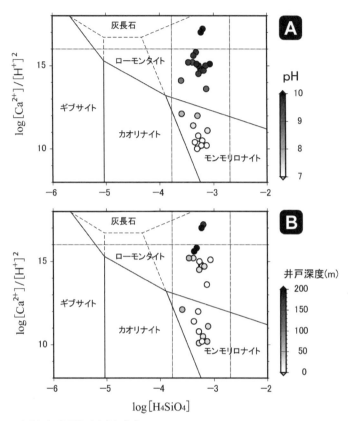

大木ほか (1983) をもとに作成。

図8 Ca-Al-Si 系の安定図

を,次に述べることにします。

図8は,大木ほか (1983) による灰長石 (点線) およびローモンタイト (実線) の活動度図の一部に,表1に示した実際の温泉・鉱泉水のデータをプロットしたものです。図8上で,各鉱物が安定である条件を示す領域は,隣り合う鉱物との平衡条件を示す直線で区切

られています。たとえば，造岩鉱物のひとつである灰長石 ($CaAl_2Si_2O_8$) が変質し，モンモリロナイト ($Ca_{0.167}Al_2(Si_{3.67}Al_{0.33})O_{10}(OH)_2$) が形成される反応は次式で表わされます。

$$7CaAl_2Si_2O_8 + 12H^+ + 8H_4SiO_4$$
$$\rightleftharpoons 6Ca_{0.167}Al_2(Si_{3.67}Al_{0.33})O_{10}(OH)_2 + 6Ca^{2+} + 16H_2O \quad (2)$$

この反応の平衡定数 K は

$$K = [Ca^{2+}]^6/([H^+]^{12} \cdot [H_4SiO_4]^8) \quad (3)$$

と表わされます。ここで [X] は，厳密には成分 X の活量なのですが，ここで検討しているような溶存成分量の少ない試料においては濃度で近似することができます。(3) 式の両辺の対数をとり，これを変形すると，

$$\log([Ca^{2+}]/[H^+]^2) = (1/6)\log K + (4/3)\log[H_4SiO_4] \quad (4)$$

が得られます。

さらに，生成系（右辺）および反応系（左辺）のそれぞれの，標準ギブス自由エネルギーの総和の差を $\varDelta G$，気体定数を R，系の絶対温度を T とすれば，

$$\varDelta G = -RT \cdot \ln K \quad (5)$$

となり，系の温度を 25℃ とし，常用対数に書き換えれば，

$$\log K = -\varDelta G/1.364 \quad (6)$$

となります。

(2) 式の各項に掲げられた物質には，熱力学的な手法により，それぞれ標準ギブス自由エネルギーが求められており（たとえば，

Huang and Kiang, 1973), 系の温度を一定とすると logK も一定の値となりますので, 横軸を $\log[H_4SiO_4]$, 縦軸を $\log([Ca^{2+}]/[H^+]^2)$ とする図上において, (4) 式は灰長石とモンモリロナイトの安定領域の境界を示す直線を示すこととなります。詳細は省きますが, カオリナイト ($Al_2Si_2O_5(OH)_4$), ギブサイト ($Al(OH)_3$), ローモンタイト ($CaAl_2Si_4O_{12}\cdot 4H_2O$) も含め, 鉱物相互の溶解反応式を考慮し, これと同様に検討することで, 図8上の各直線を描くことができます。

図8のAによれば, pH 値が高い試料ほど, 灰長石の安定図（点線）においてはモンモリロナイトの安定領域側に, ローモンタイトの安定図（実線）においてはローモンタイトの安定領域側に, それぞれプロットされています。つまり, pH の高い温泉水が該当する領域では, ローモンタイトは安定しており, 溶解することができないことを示しています。同様の活動度図上で, 井戸の深度（温泉水が貯留されている深さに相当すると仮定する）と比較した図8のBによれば, 深い場所に貯留されている温泉水ほど, ローモンタイトの安定な領域にあることが分かります。

このような検討の結果から, 大木ほか (1983) は, 丹沢周辺に高い pH 値を示す温泉・高泉水が見られる原因は, 当初考えられていた, 丹沢山地の中央部に分布する岩石中の節理に沿って分布するローモンタイトを主体とする沸石脈の溶解反応によるのではなく, 灰長石成分の加水分解と不均質溶解によってモンモリロナイトが生じる過程, すなわち (2) 式の右辺に向かう過程において地下水の pH 値が上昇するとし, ローモンタイトは, その反応の最終産物であると考察しています。

すでにトリリニアダイアグラム（図5）に基づいて説明したとおり, 高アルカリの温泉・鉱泉水に含まれる陽イオンは $Na^+$ を, 陰イオ

ンは $SO_4^{2-}$ を主体としています。実は，この特徴だけを見ても，高いアルカリ性が，単純に $Ca^{2+}$ を含む鉱物の溶解によるものとは考えにくいということになります。

**図9**には，**表1**のデータについて，$Na^+$，$Cl^-$，$SO_4^{2-}$ のそれぞれの濃度と pH の関係を示しました。**図9**を見ると，pH9以下では，各イオン濃度に大きな差がないのに対して，それより高い pH では，濃度の大きな試料が見られるようになります。当量換算した主要陰イオンのそれぞれの濃度と $Na^+$ 濃度との関係を示した**図10**によれば，特に，$Na^+$ 濃度と $SO_4^{2-}$ 濃度がよく相関しており，当量がほぼ同程度であることが分かります。

すでに述べたように，丹沢山地の周辺にはグリーンタフが厚く堆積しています。グリーンタフは，海底火山の活動による噴出物が厚く堆積した後，埋没変質により形成された岩石です。酒井・大木(1978) は，グリーンタフの分布域に分布する非火山性の温泉をグリーンタフ型温泉と呼び，その成因と特徴について次のように述べています。海底火山の活動により周囲の海水の温度が上昇すると，高温ほど溶解度の小さくなる硬石膏（硫酸カルシウム）が，海水中から地層中へ沈殿します。さらに，火山噴出物との間の陽イオン交換により，海水中へカルシウムイオンが供給されると，硬石膏の沈殿が進行し，硫酸イオンを含まない海水が生成されます。グリーンタフ中には，こうして海水から沈殿した硫酸カルシウムや間隙水として取り込まれた海水が多量に含まれていると考えられます。海底に堆積したグリーンタフが陸化すると，これらの硬石膏（硫酸カルシウム）やとりこまれた海水が雨水に溶けたり，洗い流されたりすることでグリーンタフ型温泉が形成されます。

酒井・大木(1978) は，グリーンタフ型温泉の化学的特徴として，塩濃度は海水の 1/10 前後であるが，塩素イオンに比して硫酸イオ

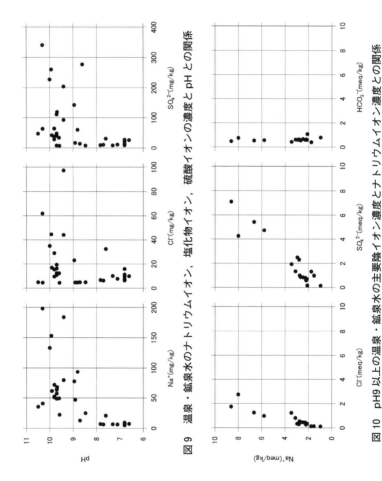

図9 温泉・鉱泉水のナトリウムイオン、塩化物イオン、硫酸イオンの濃度とpHとの関係

図10 pH9以上の温泉・鉱泉水の主要陰イオン濃度とナトリウムイオン濃度との関係

ンが比較的多いことを挙げています。板寺ほか（2010）は、丹沢周辺に掘削された深度1000 m 以上の大深度温泉水の主要成分組成について、塩化物イオン濃度が低く、陽イオンでは $Ca^{2+}$、陰イオンでは $SO_4^{2-}$ を主体としていると報告しています。さらに、$SO_4^{2-}$ 濃度が、海水と雨水との混合希釈関係から想定されるよりも高いことと、酸素・水素同位体比が天水と近いか、

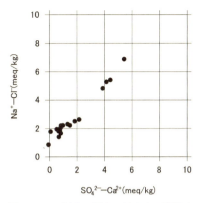

図11 pH9以上の温泉・鉱泉水の硫酸イオンに対するカルシウムイオンの不足分と塩化物イオンに対するナトリウムイオンの剰余分との関係

それよりも小さいことから、雨水が浸透した後、地層中の成分が溶け込んだものとしています。これらの特徴は、酒井・大木（1978）によるグリーンタフ型温泉の特徴と一致していることから、比較的浅部の温泉・鉱泉水に含まれる $SO_4^{2-}$ イオンは、丹沢山地の深部にも存在するグリーンタフ型温泉の影響によるものと見られます。

陽イオンの主体が $Na^+$ である原因については、図10において、塩化物イオン濃度との相関が明瞭ではなく、かつ、$Na^+ \gg Cl^-$ であることから海水由来である可能性は低いと考えられます。一方、グリーンタフ中の硬石膏の溶解により、地下水中には $SO_4^{2-}$ と同じ当量の $Ca^{2+}$ が供給されるはずですが、温泉・鉱泉中の当量は、$SO_4^{2-}$ に比べて $Ca^{2+}$ が少なくなっています。そこで、$SO_4^{2-}$ に対する $Ca^{2+}$ の不足分と、$Cl^-$ に対する $Na^+$ の剰余分との関係（図11）を見ると、両者はよく相関していることから、陽イオンの主体をなす $Na^+$ は、硬石膏の溶出により地下水中に供給された $Ca^{2+}$ と地層中の $Na^+$ と

のイオン交換に由来する可能性が考えられます。

## 4 温度はどうやって獲得したのか？

さて、丹沢周辺において高アルカリの特徴を有する温泉・鉱泉水の多くは、25℃以上の温度を示し、温泉法の基準を満たしています。この「温度」はどのように獲得されているのでしょうか。

大木ほか（1967）は、源泉井戸の掘削時やボーリング調査により得られた深度と地中温度のデータに基づいて、中川温泉地域における地下の温度構造について検討しました。**図12**（a）は、その結果をもとに描かれた深度200mにおける地中温度の分布を示しています。温泉法における温度の基準が25℃であることを考慮すると、この図から、中川地域における温泉帯の平面的な広がりは、たかだか1km×500m程度の狭い範囲であることが分かります。

一方、**図12**（b）はA—A′に沿った垂直断面の温度分布の様子を示しています。こうした温度分布の様子から、大木ほか（1967）は、北東-南西方向（A—A′方向）に割れ目が存在し、それに沿って

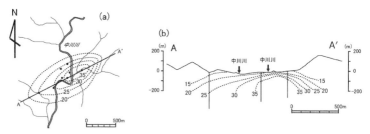

大木ほか（1983）をもとに作成。

図12 井戸掘削時の地温データをもとに推定した中川温泉地域における (a) 深度200mの地下温度分布および (b) A—A′断面における地下温度の等温線

熱エネルギーが上昇していることを想像させると述べています。さらに、地温勾配にも着目し、地表から深さ100 m程度までの地温上昇は約10℃と高いのに対し、それより以深では100 mで2〜3℃と小さくなっていることから、丹沢山地の中央部に貫入した深成岩体が冷却の途中にあり、そこから熱伝導によって地表に供給される熱エネルギーが、およそ100 m程度の深度において、浸透した雨水の循環によって運ばれ、中川温泉を形成しているものと考察しています。

地下水の雨水による涵養や、その循環について検討する際に、水の酸素・水素同位体比が有力な指標のひとつとなります。水分子を構成する酸素（$^{16}$O）と水素（$^{1}$H）にはそれぞれ、通常より質量数の多い安定同位体（$^{18}$O, $^{2}$H = D）がわずかに存在しています。このため、自然界を循環する天水には、通常の水分子（$^{1}$H$_2$$^{16}$O）とともに、重い水素や重い酸素から構成される水分子（$^{1}$HD$^{16}$Oや$^{1}$H$_2$$^{18}$Oなど）が含まれています。水の酸素・水素同位体比とは、ある水中に存在する通常の水分子数に対する重い水素や重い酸素から構成される水分子数の比に相当します。一般に、水の酸素・水素同位体比は標準平均海水と呼ばれる試料の同位体比を基準して次のように定義され、$\delta$値と呼ばれています。

$$\delta(‰) = (1 - \mathrm{Rx}/\mathrm{R_{SMOW}}) \times 1000$$

ここでRxおよびR$_{\mathrm{SMOW}}$は、ある試料および標準海水における$^{1}$H$_2$$^{16}$Oに対する$^{1}$HD$^{16}$Oまたは$^{1}$H$_2$$^{18}$Oの比を示します。

安定同位体どうしは質量が異なることから、水の循環過程における蒸発や凝結の際に様々な分別（ふるい分け）を受けます。このため雨水の同位体比には、標高が高いほど同位体比が小さくなる傾向（高度効果）や内陸側ほど同位体比が小さくなる傾向（内陸効果）

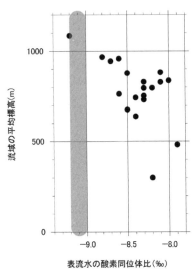

図13 丹沢西部を含む酒匂川流域の渓流水の酸素同位体比の示す高度効果と中川地域の温泉水の酸素同位体比

が生じるとされています。一方，化学的性質には差がないことから，ひとたび地下に浸透した後には，地層との反応による同位体比の変化は生じないと考えられます。このため，ある地下水の安定同位体比を，その流域における雨水の安定同位体比の空間分布と比較することで，地下水がどこで浸透したのか，すなわち地下水の涵養域の推定ができるというわけです。

雨水の安定同位体比は時期によっても大きく変動するため，その空間分布の把握も，実際には容易ではありません。そこで，渇水期など直近の降雨の影響を受けていない時期に，小流域における表流水の同位体比を調査し，近似的に，その空間分布を地下水の同位体比と比較する手法が用いられます。

図13は，中川地域を含む酒匂川流域における表流水の酸素同位体比と，その採水地点を最下流とする流域の平均標高との関係（宮下，2001による）を示しています。石坂・粟屋（2001）によれば，中川地域の温泉水の酸素同位体比は $-9.2 \sim -9.0$ ‰（図中で影をつけた範囲）ですから，標高1000mよりも高所の天水の値に相当します。このことから，中川地域の温泉水は，丹沢山地の高標高域において涵養され，深さ100m程度の範囲に及ぶ循環系を形成しているもの

と考えられます。他の温泉・鉱泉地の地下水についても，成分組成や温度が似通っていることから，丹沢山地の周辺では，ほぼ同様の過程により高い水温を獲得していると見ることができます。

## 5 まとめ

丹沢山地周辺地域では，古くから温泉や鉱泉として利用されてきた地下水の中には，pHが9を超えるような高アルカリを特徴とするものがあります。こうした「温泉」は，当初，丹沢山地を隆起させた地殻活動に伴う熱水活動の名残と考えられていました。その後の調査により，この温泉の3要素のうち，「水」と「成分」は，雨水が浸透し，地層中の成分との反応やその溶出によるものと推定されました。雨水は丹沢山地の高標高帯において涵養され，循環する過程で，丹沢山地の中央部に貫入した深成岩体からの熱伝導により「温度」を獲得していると見られています。地温分布の状況は，こうした地下水の循環規模はせいぜい1kmオーダーと，それほど広くないことを示していることから，温泉に限らず，この地域の地下水開発にあたっては，この点に十分留意する必要があると言えるでしょう。

■引用・参照文献

粟屋徹・大山正雄・石坂信之（2001a）「七沢温泉の化学成分」『神奈川県温泉地学研究所報告』32，67-70．

粟屋徹・大山正雄・石坂信之・板寺一洋（2001b）「中川温泉の化学成分」『神奈川県温泉地学研究所報告』32，63-66．

Huang, W. H. and Kiang, W. C. (1973) Gibbs free energies of formation calculated from data using specific mineral analysis. II. Plagioclase feldspars, *American Mineralogist*, 58, 1016-1022.

一國雅己・鈴木励子・鶴見実（1982）「水―岩石相互作用の生成物としてのアルカリ性鉱泉水―」『地球化学』16，25-29.

石坂信之・粟屋徹（2001）「神奈川県各地の温泉水の水素および酸素安定同位体比の特徴」『神奈川県温泉地学研究所報告』32，1-6.

石坂信之・粟屋徹・平野富雄（1993）「神奈川県の地下水の主要化学成分について」『神奈川県温泉地学研究所報告』，24(2)，27-48.

石坂信之・松木泰代（2000）「西丹沢における河川水の化学成分の特徴」『神奈川県温泉地学研究所報告』31(2)，99-106.

板寺一洋・菊川城司・小田原啓（2010）「神奈川県の大深度温泉水の起源」『温泉科学』59，320-339.

神奈川県（1987）『土地分類基本調査「秦野・山中湖」 国土調査 5万分の1』93p.

神奈川県温泉研究所大山試錐調査グループ（1970）「神奈川県伊勢原町大山における試錐調査」『神奈川県温泉地学研究所報告』12，15-20.

神奈川県立生命の星・地球博物館（1999）「伊豆・小笠原弧の研究―伊豆・小笠原弧のテクトニクスと火成活動―」『神奈川県立博物館調査研究報告（自然科学）』9，188p.

神の川温泉地質調査グループ（1969a）「神奈川県津久井町神の川流域における温泉地質調査」『神奈川県温泉地学研究所報告』1，1-14.

神の川温泉地質調査グループ（1969b）「神奈川県津久井町神の川流域における試錐調査」『神奈川県温泉地学研究所報告』1，15-28.

荻野喜作・平野富雄・横山尚秀・粟屋徹（1973）「丹沢山地東縁部の鉱泉と七沢周辺の鉱泉の経年変化について」『神奈川県温泉研究所報告』4(3)，153-164.

宮下雄次（2001）「酒匂川流域における流域平均標高と河川水の酸素同位対比との関係」『神奈川県温泉地学研究所報告』32，7-16.

大木靖衛・大口健志・広田茂・荻野喜作・平野富雄・守矢正則（1967）「中川温の地下温度構造」『神奈川県温泉研究所報告』1(5)，23-34.

大木靖衛・荻野喜作・平野富雄・小鷹滋郎・粟屋徹・杉山茂夫・大山

正雄（1983）「神奈川県温泉誌」『神奈川県温泉研究所報告』14(4), 99-216.

大木靖衛・田島縫子・平野富雄・荻野喜作・広田茂・高橋惣一・小梶藤幸・守矢正則・杉本光夫（1964）「丹沢山地の温泉鉱泉」『神奈川県温泉研究所報告』1(2), 19-37.

大山地区地質調査班（1970）「神奈川県伊勢原町大山地区温泉地質調査報告書」『神奈川県温泉地学研究所報告』12, 1-14.

酒井均・大木靖衛（1978）「日本の温泉」『科学』48(1), 41-52.

田嶋縫子・平野富雄・大木靖衛（1967）「中川温泉の泉質」『神奈川県温泉研究所報告』1(5), 51-58.

第**4**章

# 太古の海洋環境の手がかりになる湯の花

髙島千鶴

温泉水からできる縞状組織をもつ湯の花は，太古の海洋から沈殿し生成した2つの堆積物，縞状鉄鉱層とストロマトライトと成分的，組織的に類似しています。湯の花の生成過程を明らかにすることで，成因が分かっていないこれら2つの堆積物に応用し，最終的には当時の海洋環境復元につなげようと研究を進めています。この章では，湯の花の地球科学的研究について紹介します。

## *1* はじめに

みなさんは温泉に行ったときに，浴槽や床に黄色～褐色や赤色の沈殿物が付着しているのを見かけたことはないでしょうか？ 温泉で沈殿物を見たことがなくても，温泉街でお土産として売られている，固形物や粉末状の「温泉の素」はご存じの方は多いと思います。このような温泉水から析出した沈殿物は一般に「湯の花（華）」と呼ばれます。

湯の花は温泉水のミネラル成分の違いにより，いくつかの種類が

あります。みなさんが湯の花と聞いてまっさきに思い浮かべるのは薄黄色〜黄色の硫黄ではないでしょうか。この種の湯の花は硫黄を含む温泉から生成され，〇〇地獄と呼ばれる地熱地帯の噴気孔の周りでよく見られます。そのほかにも白色のシリカに富むもの，白色〜黄色の炭酸カルシウムに富むもの，褐色〜赤色の鉄に富む湯の花があります。この章では，炭酸カルシウムと鉄に富む湯の花の研究について紹介していきたいと思います。

　炭酸カルシウム（$CaCO_3$）を主成分とする湯の花を専門用語で「トラバーチン」と呼びます。トラバーチンは英語表記では travertine となり，語源はラテン語の *lapis tiburtius*（チボリの石）からきています（Pentecost and Viles, 1994）。チボリはイタリアのローマにある町ですが，イタリアの中部〜南部には日本と同じように火山が多く存在し，それに伴い温泉もたくさんあります。イタリアでは古くからトラバーチンを石材として利用し，代表的なものはローマのコロッセオです。日本でも地下鉄や博物館のような場所で石材として利用されており，意外と身近で見つけることができます。

　トラバーチンは時にとてもきれいな景観を私たちに見せてくれます。世界では階段状の地形をつくっているトルコのパムッカレ，アメリカ合衆国のイエローストーン国立公園にあるマンモスホットスプリングが有名です。ほとんど知られていませんが，私たちの研究グループがここ数年研究を行なっているインドネシアのスマトラ島やジャワ島にも大規模なトラバーチンがあります（**口絵5**）。また，これらに比較すると規模は小さいものの，国内の多くの温泉でもトラバーチンが堆積しており，北海道の二股温泉や岩手県の夏油(げとう)温泉のトラバーチンはドーム状の地形を作り，見応えがあります。

　炭酸カルシウムと鉄に富む湯の花はどちらとも，炭酸水素塩泉から析出します。炭酸水素塩泉はカルシウムイオン（$Ca^{2+}$）と炭酸水

素イオン（$HCO_3^-$）を多く含みますが，それ以外にもナトリウムイオン（$Na^+$），マグネシウムイオン（$Mg^{2+}$），塩化物イオン（$Cl^-$）を高い濃度で含みます。また，気体成分では必ず二酸化炭素（$CO_2$）を高濃度で含んでおり，硫化水素（$H_2S$）やメタン（$CH_4$）を溶存していることもあります。次節では，トラバーチンの沈殿するメカニズムについて科学的に説明していきます。

## 2 トラバーチンの沈殿機構

**図1**にトラバーチンの沈殿機構を模式的に表わしていますが，順を追って解説していきます。

まず，水に溶解した$CO_2$は以下のような炭酸化学種に変化します。

$$CO_{2(aq)} + H_2O_{(aq)} \rightleftharpoons H_2CO_{3(aq)} \rightleftharpoons H^+_{(aq)} + HCO_3^-{}_{(aq)}$$
$$\rightleftharpoons 2H^+_{(aq)} + CO_3^{2-}{}_{(aq)} \tag{1}$$

($^*_{(aq)}$：液相，$H_2CO_3$：炭酸，$HCO_3^-$：炭酸水素イオン，$CO_3^{2-}$：炭酸イオン)

式（1）に含まれる炭酸化学種の濃度の比率はpHにより決定されます（**図2**）。酸性では$CO_2$，中性付近では$HCO_3^-$，アルカリ性になると$CO_3^{2-}$の割合が大きくなります。また，$CO_{2(aq)}$の濃度は水が接する気相の二酸化炭素分圧に影響されるので，その水が平衡である気相$CO_2$分圧（平衡二酸化炭素分圧；$pCO_2$と呼ぶ）で示されます。炭酸水素塩泉の場合，地表に湧出する地点で，$CO_{2(aq)}$濃度はほぼ1気圧の$CO_{2(g)}$と釣合っている濃度であることが多いです。

このように$CO_2$を多量に含む温泉水が地表に湧出してくると，温泉水から$CO_2$が脱ガスします。現在の大気中には約0.04 %しか$CO_2$が含まれていないので，温泉水は大気の低い二酸化炭素分圧と平衡を達成するため，大気中に$CO_2$が逃げていくわけです。脱ガス

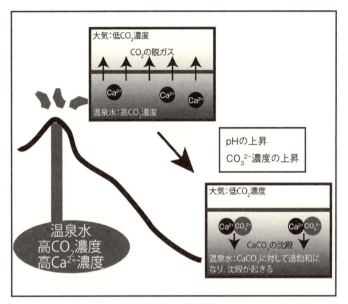

$CO_2$ と $Ca^{2+}$ を多量に含んだ温泉水が地表に湧出すると、$CO_2$ の脱ガスが起こり、pH が上昇し、$CO_3^{2-}$ 濃度が増加する。その結果、$CaCO_3$ に対する過飽和度が上昇し、沈殿する。

**図1 トラバーチンの沈殿機構**

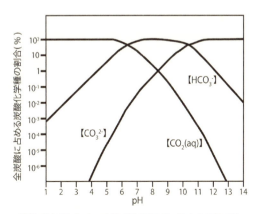

酸性では $CO_2(aq)$、中性では $HCO_3^-$、アルカリ性では $CO_3^{2-}$ が優勢になる。

**図2 炭酸化学種の相対濃度と pH**

により温泉水中の $CO_2$ 濃度が低下すると，式（1）は右方向に進み，pH が上昇し，$CO_3^{2-}$ の濃度が増加します。

トラバーチンの主要成分である $CaCO_3$ は $Ca^{2+}$ と $CO_3^{2-}$ が結合してできたものです。水中にこれらのイオンがあるからといって，必ずトラバーチンとして沈殿するわけではありません。沈殿するかしないかは飽和度を計算することにより分かります。飽和度は飽和指数（SI; Saturation Index）で表わされます。

$$SI = \log(aCa^{2+} \times aCO_3^{2-}/Ksp) \quad (2)$$

（*a：活量，Ksp（sp; solubility product）：$CaCO_3$ の溶解度積）

活量とはイオンの濃度を熱力学的に正しく計算するための量のことで，モル濃度に近い性質をもちます。溶解度積は飽和液中の陽イオンの活量と陰イオンの活量の積で，温度に依存する定数です。つまり，温度が一定であれば，$CaCO_3$ に飽和した水のカルシウムイオンと炭酸イオンの活量積が一定になるということです。過飽和度は実際に水に溶解しているイオン活量積を溶解度積で割ったものになります。SI が 0 以下なら未飽和，0 なら飽和，0 以上なら過飽和になります。ただし，実際に $CaCO_3$ が沈殿するためには，SI が 0.5〜0.7 を超える必要があるという研究結果もあります（Merz-Preiß and Riding, 1999）。

## 3 入之波温泉の研究例

### (1) 入之波温泉の水質

ここからは，私たちの研究グループが最初に調査を行なった入之波温泉山鳩湯について具体的に紹介します。入之波温泉は紀伊山地のほぼ中央部，奈良県吉野郡川上村にあります。ここは日本でも有

数の多雨地帯であり，石灰岩を含む中生代の堆積岩が深い谷に削られた地形をしています。初めて入之波温泉に訪れたときは，山深く，秘境という言葉がぴったりだなという印象をもちました。

入之波温泉山鳩湯の方に挨拶をして，ご主人の案内のもと，宿の裏にある源泉を見せていただきました。浴槽に使用されることなく源泉からそのまま流れている温泉水の流路に沿って，トラバーチンが約70 m 堆積しており，その規模の大きさに驚くと同時に調査が大変そうだなと思ったのを覚えています。

一通りトラバーチンを観察し終わった後，分析ポイントを設定し，水・トラバーチン試料採集を行なっていきました。まず，各ポイントで水温，pH を測定後，溶存成分分析，酸素・炭素安定同位体比測定用に，それぞれ採集方法を変えて水サンプルを採集しました。次に各ポイントで，のこぎり，ハンマーやたがねを使って，トラバーチン試料を採集しました。昼間の作業が終わり，温泉に浸かってゆっくりしたいところですが，残念ながら夜にも作業があります。それは，昼に採集した水サンプルの分析です。炭酸水素塩泉の場合，温泉水の溶存成分が沈殿しやすいため，採集後すばやく分析する必要があります。

図3に入之波温泉のルートマップと簡単な水質分析結果を示します（髙島・狩野，2005を改変したもの）。山鳩湯の水質は極めて特徴的なものでした。水温は湯元でも約40℃と中温で，中性付近です。温泉水中に $Ca^{2+}$ は約400 mg/L 溶解しており，$pCO_2$ は980 matm, すなわち1気圧に近い二酸化炭素を含む気相と平衡であることが分かりました。これらは，トラバーチンを沈殿させる温泉の典型的な条件です。飽和指数（SI）に注目すると，ポイント1.0（源泉）では0.61で，すでに $CaCO_3$ に過飽和ですが沈殿が起きにくい条件です。$CO_2$ が十分に脱ガスしたポイント3.5では，pH は7.20まで上昇し，

SIも1.28と高くなっています。ここでは$CaCO_3$が大量に沈殿しており、トラバーチンドームを形成しています。さらに下流のポイント5.0では、pHは7.14と安定していますが、SIは0.91へ低下しています。これは、上流での$CaCO_3$沈殿により、$Ca^{2+}$濃度が減少したためと考えられます。

(2) 入之波温泉の鉄質トラバーチン

入之波温泉に堆積しているトラバーチンは上流から下流にかけて色が変化しています。源泉からポイント2.0までは赤褐色をした鉄に富むトラバーチンが、それより下流では淡黄色のトラバーチンが分布しています。まず、上流に見られる鉄質トラバーチンについて説明していきます。

上流の温泉水に含まれる$Fe^{2+}$（図3）と酸素が反応することで、鉄を含むトラバーチンが沈殿しています。鉄質トラバーチンはフェリハイドライトと呼ばれる鉄水酸化物（$Fe(OH)_3$）と$CaCO_3$で構成され、非常に固い堆積物です。この堆積物は2つの鉱物の色の違いを反映した縞状組織を作っています。偏光顕微鏡で薄片（岩石などを磨いて薄くしたもの）を観察すると、私たちが想定していなかった構造が見えました。それは、鉄水酸化物が堆積面に対して垂直な方向にのびており、さらに、まるで植物のように上方に向かって枝分かれした構造です。枝分かれをした上部は鉄水酸化物が密に沈殿し、下部は鉄水酸化物の周囲を埋める炭酸カルシウムの占める割合が高いことが分かりました（髙島・狩野，2005）。鉄が多い部分と炭酸カルシウムが優勢な部分が0.1 mm程度の間隔で繰り返すことで縞状組織を作っていたのです。私たちはなぜこのような規則的な縞状組織ができるか疑問をもち、さらに分析を進めていきました。

樹枝状鉄水酸化物に注目すると、枝の中心に黒っぽい部分があり、

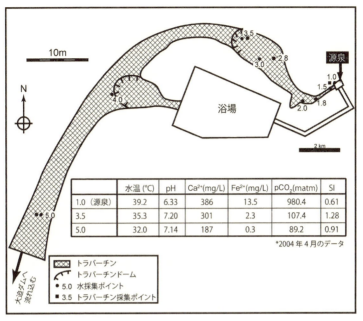

髙島・狩野（2005）を改変。水質は源泉とポイント3.5, 5.0の重要パラメーターのみ掲載した。

**図3　入之波温泉のルートマップと水質結果**

それが何なのか気になり、特定を試みました。鉄水酸化物を溶解し電子顕微鏡で観察すると、細いフィラメント状バクテリアの集合体が現われ、何かの生き物がいたことが分かります。この観察結果は、私たちの研究グループの研究範囲が地球科学から微生物分野に広がるきっかけになりました。というのも、そのバクテリアがどのような性質をもっているかを特定する方法のひとつに遺伝子解析があり、それを試みることにしたからです。私たちは遺伝子解析については素人なので、広島大学の長沼毅先生に協力をお願いしました。長沼先生はテレビにもたびたび出演する著名な方ですが、言うまでもな

く極めて優秀な生物学者です。先生は，私たちの希望を快く受け入れ，適切な方法での遺伝子解析を指導してくれました。その結果，鉄水酸化物の中にバクテリアが存在することが判明し，鉄を酸素で酸化して生育する鉄酸化細菌，メタン酸化細菌に近縁なものが検出されました。入之波温泉の鉄質トラバーチンの鉄水酸化物は鉄酸化細菌により沈殿したと考えられます（Takashima et al., 2008）。

　では，どのような理由で縞状組織ができるのでしょうか？　鉄酸化細菌やメタン酸化細菌は独立栄養化学合成細菌と呼ばれ，炭素固定に $CO_2$ などの無機物を利用し，鉄やメタンなどの無機物を酸素で酸化させることでエネルギーを作り生きています。そのほかに検出された微生物も全て独立栄養化学合成細菌で，いずれも酸素を利用します。この酸素を利用するということがポイントになります。

　縞状組織の形成には微生物の代謝が深く関わっていました（図4）。まず，鉄酸化細菌が $Fe^{2+}$ を酸化させ，菌体の周りに鉄水酸化物を沈殿させます。以下に鉄酸化細菌のエネルギー生成を化学式（Emerson and Revsbech, 1994）で表わします。

$$2Fe^{2+} + 0.5O_2 + 5H_2O \rightarrow 2Fe(OH)_3 + 4H^+ \qquad (3)$$

次に，鉄酸化細菌は上方に向かい分岐しながら成長していき，密度が高くなります。そうすると細菌の周囲で $Fe^{2+}$ が不足し，鉄酸化細菌の代謝が鈍り，追い打ちをかけるように他の酸素を利用する微生物により酸素も消費されると考えられます。完全に鉄酸化細菌の代謝が停止すると，$CO_2$ の脱ガスにより $CaCO_3$ の沈殿が優勢になります。再び，$Fe^{2+}$ 濃度が回復すると鉄水酸化物が沈殿をする。これを繰り返すことにより縞状組織を作っていると考えられます。

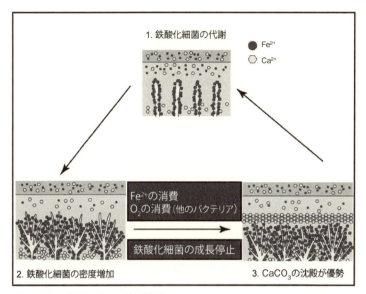

Takashima（2008；博士論文）を改変。
図4　入之波温泉の鉄質トラバーチンの縞状組織生成過程

## (3) 入之波温泉のカルサイトトラバーチン

入之波温泉の下流では鉄が少なくなり，$CaCO_3$ 主体の堆積物になります。入之波温泉では，$CaCO_3$ の中でもカルサイトと呼ばれる鉱物で構成されます。$CaCO_3$ は結晶の形により，カルサイトとアラゴナイトに分けられます。どちらが沈殿するかは，温度，Mg/Ca 比，水中の溶存成分や微生物の存在などに依存すると言われていますが，決定的な要因はよく分かっていません。一般的には，温度が 40〜45℃以上であればアラゴナイトが沈殿し（Folk, 1994），Mg/Ca 比が高ければアラゴナイト，低ければカルサイトが沈殿する（Kitano, 1962; Hardie, 2003）と言われています。入之波温泉は水温約 40℃ですが，$Ca^{2+}$ が $Mg^{2+}$ の約 10 倍多く含んでいるので（髙島・狩野，

2005), カルサイトが沈殿しています。

入之波温泉のトラバーチンは上流に堆積している鉄質トラバーチンと同じように縞状組織をもつことが特徴です。カルサイトは堆積面から垂直に杉の葉構造を作りながら成長し, 堆積面に平行な方向に細粒な粒子のバンドが 0.1 mm～1 mm 間隔で堆積しています (髙島・狩野, 2005)。私たちはこの縞状組織が, どのような時間間隔でできるのかを調べるために, トラバーチンに釘を打って, 堆積速度を見積もりました。そうすると, 41 日間の間に約 40 本の縞状組織が確認できました。つまり, 縞状組織は 1 日に 1 縞でき, 日輪であることが分かったのです (髙島・狩野, 2005)。

次にするべきことは, その縞状組織がどのようにしてできるか明らかにすることです。トラバーチンに mm オーダーの縞状組織が発達することは, これまでの研究により知られており, その生成過程についてもいくつかの異なる解釈がありました。①昼に硫黄酸化細菌によりカルサイト結晶が成長し, 夜になると光合成をしない微生物が細粒粒子バンドをつくる (Folk et al., 1985), ②昼に微生物が $CO_2$ を吸収することにより, 水中の $CaCO_3$ に対する飽和度が上昇しアラゴナイトが沈殿し, 夜はカルサイトが形成される (Guo and Riding, 1992), ③気象条件の日変化を反映したもので, 細粒粒子バンドは夜に風性ダストを核としてカルサイトが沈殿する (Pentecost, 1994), などです。いずれも縞状組織が日輪であると解釈していますが, 直接的な証拠が示されていませんでした。

そこで私たちは, どうしたら直接的な証拠を手に入れることができるだろうと考えました。出た結論は 24 時間以上の連続観測でした。単純ですが, 1 日に 1 縞できるなら, 24 時間以上観測すれば 1 日サイクルで起こる何かしらの変化を見つけることができるのではと考えたのです。私はこのときは気楽に 24 時間がんばればよいと思っ

ていましたが,実際にやってみるとすごく大変でした。

　連続観測は研究室の先輩や同級生の協力を仰ぎ,結局30時間行ないました。水試料は源泉とトラバーチン採集ポイントの2か所で1.5時間おき,トラバーチンは4.5時間おきに採集しました。この時間間隔を見ると余裕に見えるかもしれませんが,先ほど「入之波温泉の水質」で述べたように,水分析はすばやくする必要があるため,1.5時間の間に採集し分析するのは困難でした。しかも,トラバーチンの採集も加わるとさらに余裕がなくなるわけです。それに加えて,深夜から朝方にかけて眠気が襲ってきます。連続観測は時間と睡魔との戦いでした。もちろん,温泉に浸かる時間などありません。炭酸水素塩泉は美肌効果があるのですが。

　この連続観測により,入之波温泉のトラバーチンの縞状組織がどのようにしてできたのか明らかになりました。結論を先に述べると,縞状組織はやはり日輪であり,細粒粒子バンドは微生物の代謝により生成され,夕方にできることが分かりました (Takashima and Kano, 2008)。4.5時間おきに採集したトラバーチンの薄片写真を並べて見ると,細粒粒子バンドは夕方の短い時間に生成して,カルサイト結晶を覆っている様子が分かります。それ以外の時間ではカルサイト結晶が杉の葉構造に成長します。夕方に生じる細粒粒子は鉄を多く含む成分であり,おそらく上流から流れてきた鉄水酸化物の粒子が付着したものと考えられます。細粒粒子バンドを蛍光顕微鏡で観察すると,赤い色の蛍光が見られました。この蛍光はクロロフィルの自家蛍光であり,酸素発生型光合成細菌であるシアノバクテリアが存在することを示します。では,シアノバクテリアと鉄水酸化物粒子にはどのような関係があるのでしょうか?

　シアノバクテリアを含む微生物は代謝生成物として,昼間から日没後数時間にかけてEPS (Extracellular polymeric substances) と

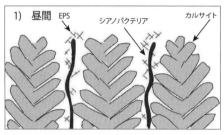
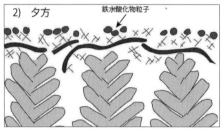
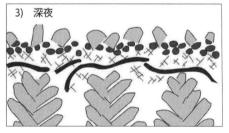

Takashima（2008；博士論文）を改変。

**図5　入之波温泉のカルサイトトラバーチンの日輪生成過程**

呼ばれる粘着質細胞外高分子を作ります（Decho et al., 2005）。EPSはバイオフィルムをつくり微生物を周囲の環境から保護する働きがある一方で，粘着質なため水に懸濁する粒子を付着する性質をもちます（Riding, 2000）。このEPSがシアノバクテリアと鉄水酸化物粒子を結びつけています。

ここで入之波温泉カルサイトトラバーチンの縞状組織の生成過程をまとめると（図5），水中から無機的にカルサイトが沈殿し，昼間の間はシアノバクテリアが光合成するために堆積物表面に移動してきます。夕方になるとEPSが十分に生成され，上流から流れてくる鉄水酸化物粒子をトラップし，細粒粒子バンドを形成します。深夜になるとシアノバクテリアの光合成は停止し，EPSも生成されなくなります。そうすると再びカルサイトの沈殿が卓越します。この過程を繰り返して，日輪を作っていると考えられ

ます。日輪は，場所によっては，2 mm もの幅をもちます。これを1年の堆積速度に換算すると 70 cm になります。トラバーチンの堆積は驚くべき速さで起こっているのです。

## 4 太古の海洋環境の復元を目指して

### (1) 先カンブリア紀の環境

ここからはなぜ私たちが湯の花に注目して研究しているかを紹介していきたいと思います。その理由はタイトルにもありますように，「太古の海洋環境の復元」をするためです。みなさんは太古と聞いたら，どのような時代を思い浮かべるでしょうか？ 平安時代？ 人類誕生した頃？ それとも恐竜が繁栄していた時代でしょうか。私たちが目指している太古というのは，副題になっている先カンブリア紀という時代です。この先カンブリア紀という言葉はあまり聞きなれないと思いますので，少し説明します。

地球が誕生してから 46 億年経ちます。その 46 億年間は生物進化に基づいて時代区分がされており，地球が誕生して最初の 40 億年間を先カンブリア紀と定義しています。地球が誕生してから大部分が先カンブリア紀になります。この先カンブリア紀には，海洋が形成され，生命が誕生し，大陸ができるなど，地球においてとても重要な事件が起きた時代です。しかし，当時の環境については精力的に研究が進められていますが，よく分かっていないというのが現状です。事件の証拠が古すぎて，その痕跡がほぼ失われてしまうのです。刑事ドラマでたとえると，死体が完全に白骨化し，現場に残された指紋も消えてなくなり，犯人はおろか事件がいつ起きたかも特定できない状態です。たとえば，地球が誕生した直後は $O_2$ に非常に乏しい環境でしたが，酸素発生型光合成細菌であるシアノバクテ

リアが誕生したことにより $O_2$ に富む環境へと変化したわけです。しかし,それが地球誕生後早い段階で起こったのか (Ohmoto and Felder, 1987),段階的に起こったのか (Kasting, 1987; Holland, 1992) すら決着がついていません。海洋環境に関しても高い $CO_2$ 濃度で中性だった (Grozinger and Kasting, 1993),または低い $CO_2$ 濃度でアルカリ性だった (Kempe and Degens, 1985) と意見が分かれています。当時の海洋環境に関して重要な手がかりになるのが,海で堆積した2つの縞状組織をもつ堆積物です。しかし,これらがどのように生成したかもよく理解されていないのです。

### (2) 縞状鉄鉱層

縞状鉄鉱層 (BIF; Banded Iron Formation) は現在の鉄資源の主要な供給源であり,オーストラリアや南アフリカなどに分布しています。BIF は主に約 27 億年前から約 18 億年前にかけて堆積しており,もっとも古いものは 38 億年前の地層に見られます (Goldich, 1973)。

BIF は名前の通り,縞状組織をもちます。主に鉄酸化物とケイ酸 ($SiO_2$) を主成分とするチャートが交互に重なっています。鉄酸化物は海底火山からもたらされる $Fe^{2+}$ とシアノバクテリアの光合成による $O_2$ が結合したという説が有力です。しかし,BIF の鉄沈殿に鉄酸化細菌や鉄酸化を行なう非酸素発生型光合成細菌の代謝が関与している可能性もあります (Konhauser et al., 2002; Ehrenreich and Widdel, 1994)。

BIF の縞状組織はいくつかのスケール間隔で形成されています。大きいものから m 単位のもの,cm 単位のもの,mm 単位またはそれ以下に分けられます。大きいものは $Fe^{2+}$ の供給源である海底火山活動の周期を反映しているといわれており,小さいスケールにつ

いては水柱から直接沈殿してできたもの，堆積物の再堆積，続成作用（堆積物が変質し固くなること）によるものなど議論がなされています（Pecoits et al., 2009）。

### (3) ストロマトライト

ストロマトライトはシアノバクテリアと炭酸塩鉱物や粒子で構成され，BIFと同様に縞状組織をもつ堆積物です。ストロマトライトの登場は約35億年前にさかのぼり，約27億年前から増加し，約15億年前〜5億年前に大繁栄をしますが，5億年を境に衰退します（Riding, 2006）。現在ではオーストラリアのハメリンプールなどごく限られた場所にしか存在していません。

現世ストロマトライトの縞状組織はカルサイトトラバーチンと同じで日周期を反映していると考えられてきましたが（Monty, 1976），最近ではより長い周期を反映している可能性があることが示されています（Reid et al., 2000）。しかし，ストロマトライトの詳細な生成過程や縞状組織の周期についてはよく分かっていません。

### (4) トラバーチンの太古堆積物のアナログの可能性

入之波温泉に見られる湯の花は先カンブリア紀の堆積物に非常によく似ています。鉄質トラバーチンはBIFと，カルサイトトラバーチンはストロマトライトと鉱物組成や同じスケールの縞状組織をもちます。2つの湯の花のように，BIFもストロマトライトも微生物が関与している可能性があります。よく分かっていないBIFやストロマトライトの生成過程や縞周期を知るためにはどうすればいいか？　私たちは，類似した湯の花を調べることで，それらの生成過程などの手がかりにしようと考えています。

入之波温泉の鉄質トラバーチンでは，鉄水酸化物は鉄酸化細菌に

より沈殿し，鉄酸化細菌が増殖することによる$Fe^{2+}$の枯渇と他の化学合成細菌による競争により，縞状組織が生成することが分かりました (Takashima et al., 2008)。このモデルは深海で酸素の少ない環境で堆積したBIFの縞状組織の生成過程に応用できます。

カルサイトトラバーチンでは，縞状組織が日周期であり，シアノバクテリアの光合成の周期を反映していることが分かりました (Takashima and Kano, 2008)。もしかしたら，先カンブリア紀のストロマトライトの縞状組織も日周期を示しているかもしれません。

## 5 おわりに

私たちの研究グループは温泉に見られる湯の花に注目して研究を行なってきました。今回は奈良県入之波温泉のトラバーチンについて紹介してきました。入之波温泉の鉄質トラバーチンとカルサイトトラバーチンの沈殿機構や縞状組織の生成過程については明らかにできたと思っています。しかし，これらは一例にすぎません。というのも，入之波温泉以外の湯の花について研究を進めていくと，縞状組織の生成過程にもバリエーションがあることが分かってきました。

たとえば，秋田県にある奥々八九郎温泉は入之波温泉同様に炭酸水素塩で，上流には鉄質トラバーチンが沈殿しています。その鉄質トラバーチンにも縞状組織が見られますが，その生成過程は入之波温泉と異なっていました。入之波温泉では認められなかったシアノバクテリアが検出されたのです。おそらく，ここでの鉄質沈殿物は微生物の共生関係で生成していたのでしょう。シアノバクテリアが発生させた$O_2$を鉄酸化細菌が利用して，その結果，鉄が沈殿したのです (Takashima et al., 2011)。

炭酸塩トラバーチンについては近年，海洋開発機構に所属している奥村知世氏によって精力的に研究が行なわれています。炭酸泉として有名な大分県長湯温泉に発達するトラバーチンはアラゴナイトでできています。鉱物の違いを反映して，入之波温泉よりも緻密な組織をもちますが，その縞状組織も日輪でした。その形成プロセスにはシアノバクテリアと従属栄養細菌が関与します。昼間には従属栄養細菌のバイオフィルムが堆積物表面に発達するためにアラゴナイトの結晶成長が阻害され，夜にはアラゴナイトの結晶成長が卓越することで縞状組織ができます（Okumura et al., 2011）。鹿児島県の妙見温泉では，基本的にはカルサイトが沈殿しますが，昼はシアノバクテリアが放出するEPSによりアラゴナイトが沈殿し，それが縞状組織を形成しています（Okumura et al., 2013）。これらの成果は全て連続観測をベースにしています。72時間も連続して観測したこともありました。

　以上のように，縞状組織の生成過程は温泉ごとに異なります。現在のところ分かっている共通点は，鉄質トラバーチンには鉄酸化細菌が関与し，炭酸塩トラバーチンの日輪形成ではシアノバクテリアの代謝周期が関係していることです。これから古環境の復元に応用するためには，ケーススタディーを増やし，湯の花の生成過程の全容を明らかにしていく必要があります。近年，先カンブリア紀の地層や堆積物について盛んに研究が行なわれており，たくさんの知見が得られていますが，これらと現世のアナログである湯の花の情報を組み合わせることにより，先カンブリア紀の環境復元に近づくと考えています。なにしろ，湯の花には全ての証拠が新鮮に残されているのですから。

　この章では私たちの研究グループが行なっている湯の花の生成過程や研究目的について書かせていただきました。浴槽や土産物とし

て売られている湯の花が非常に地球科学的研究にはおもしろいものだと伝わったでしょうか？　読者の皆様が，温泉に行かれた際に少しでも思い出していただけると幸いです。

【謝辞】　温泉研究にあたり多くの方のご協力をいただきました。著者が学生時代からご指導いただいている九州大学比較社会研究院の狩野彰宏教授と研究室の後輩である海洋開発機構の奥村知世博士には調査や分析において多大なご尽力をしていただきました。また，当時の研究室の諸先輩，同級生，後輩にも調査や連続観測に参加していただきました。広島大学長沼毅教授，九州大学小池裕子名誉教授およびその研究室の方々には遺伝子解析で大変お世話になりました。最後に，温泉調査を快諾してくださった入之波温泉をはじめとする温泉宿の方々に感謝いたします。

### ■引用・参照文献

Decho, A. W., Visscher, P. T. and Reid, R. P. (2005) Production and cycling of natural microbial exopolymers (EPS) within a marine stromatolite, *Palaeogeography, Palaeoclimatology, Palaeoecology*, 219, 71-86.

Ehrenreich, A. and Widdel, F. (1994) Anaerobic oxidation of ferrous iron by purple bacteria, a new type of phototrophic metabolism. *Applied and Environmental Microbiology*, 60, 4517-4526.

Emerson, D. and Revsbech, N. P. (1994) Investigation of an iron-oxidizing microbial mat community located near Aarhus, Denmark: laboratory studies. *Applied and Environmental Microbiology*, 60, 4032-4038.

Folk, R. L., Chafetz, H. S. and Tiezzi, P. A. (1985) Bizarre forms of depositional and diagenetic calcite in hot-spring travertines, central Italy.　In Schneidermann, N. and Harris, P. M., eds.,

*Carbonate Cements*, Society of Economic Paleontologists and Mineralogists, Special Publication, 36, 349-369.

Folk, R. L. (1994) Interaction between bacteria, nannobacteria, and mineral precipitation in hot springs of central Italy. *Géographie Physique et Quaternaire*, 48, 233-246.

Goldich, S. S. (1973) Ages of Precambrian banded iron-formations. *Economic geology*, 68, 1126-1134.

Grozinger, J. P. and Kasting, J. F. (1993) New constraints on Precambrian ocean composition. *The journal of Geology*, 101, 235-243.

Guo, L. and Riding, R. (1992) Aragonite laminae in hot water travertine crusts, Rapolano Terme, Italy. *Sedimentology*, 39, 1067-1079.

Hardie, L. A. (2003) Secular variations in Precambrian seawater chemistry and the timing of Precambrian aragonite seas and calcite seas. *Geology*, 31, 785-788.

Holland, H. D. (1992) Distribution and paleoenvironmental interpretation of Proterozic paleosols. In Schopf, J. W. and Klein, C., eds., *The Proterozoic Biosphere*: a multidisciplinary study, Cambridge University Press, 153-155.

Kasting, J. F. (1987) Theoretical constraints on oxygen and carbon dioxide concentrations in the Precambrian atmosphere. *Precambrian Research*, 34, 205-229.

Kempe, S. and Degens, E. T. (1985) An early soda ocean? *Chemical Geology*, 53, 95-108.

Kitano, Y. (1962) The behavior of various inorganic ions in the separation of calcium Carbonate from a bicarbonate solution. *Bulletin of the Chemical Society of Japan*, 35, 1973-1980.

Konhauser, K. O., Hamade, T., Raiswell, R., Morris, R. C., Ferris, F. G., Southam, G. and Canfield, D. E. (2002) Could bacteria have formed the Precambrian banded iron formations? *Geology*, 30, 1079-1082.

Merz-Preiß, M. and Riding, R. (1999) Cyanobacterial tufa calcification in two freshwater streams: ambient environment, chemical thresholds and biological processes. *Sedimentary Geology*, 126, 103-124.

Monty, C. L. V. (1976) The origin and development of cryptalgal fabrics. In Walter M. R., ed, *Developments in Sedimentology*, 20, Elsevier Scientific Publishing Company, 193-249.

Ohmoto, H. and Felder, R. P. (1987) Bacterial activity in the warmer, sulphate-bearing, Archaean oceans. *Nature*, 328, 244-246.

Okumura, T., Takashima, C., Shiraishi, F., Nishida, S., Yukimura, K., Naganuma, T, Koike, H., Arp, G. and Kano, A. (2011) Microbial processes forming daily lamination in an aragonite travertine, Nagano-yu hot spring, southwest Japan. *Geomicrobiology Journal*, 28, 135-148.

Okumura, T., Takashima, C. and Kano, A. (2013) Textures and processes of laminated travertines formed by unicellular cyanobacteria in Myoken hot spring, southwestern Japan. *Island Arc*, 22, 410-426.

Pecoits, E., Gingras, M. K., Barley, M. E., Kappler, A., Posth, N. R. and Konhauser, K. O. (2009) Petrography and geochemistry of the Dales Gorge banded iron formation: Paragenetic sequence, source and implications for palaeo-ocean chemistry. *Precambrian Research*, 172, 163-187.

Pentecost, A. (1994) Formation of laminate travertines at Bagno Vignone, Italy. *Geomicrobiology Journal*, 12, 239-251.

Pentecost, A. and Viles, H. (1994) A review and reassessment of travertine classification. *Géographie physique et Quaternaire*, 48, 305-314.

Reid, R. P., Visscher, P. T., Decho, A. W., Stolz, J. F., Bebout, B. M., Dupraz, C., Macintyre, I. G., Paerl, H. W., Pinckney, J. L., Prufert-Bebout, L., Steppe, T. F. and DesMarais, D. J. (2000) The role of microbes in accretion, lamination and early lithification of modern marine stromatolites. *Nature*, 406, 989-992.

Riding, R. (2000) Microbial carbonates: the geological record of calcified bacterial-algal mats and biofilms. *Sedimentology*, 47, Supplement S1, 179-214.

Riding, R. (2006) Microbial carbonate abundance compared with fluctuations in metazoan diversity over geological time. *Sedimentary Geology*, 185, 229-238.

髙島千鶴・狩野彰宏 (2005)「奈良県入之波温泉に発達するトラバーチンの堆積過程」『地質学雑誌』111, 751-764.

Takashima, C. (2008) 博士論文 Biogeochemical formation processes of laminated travertines: Analogy to Ancient Marine Environments. 広島大学.

Takashima, C., Kano, A., Naganuma, T. and Tazaki, K. (2008) Laminated iron texture by iron-oxidizing bacteria in a calcite travertine. *Geomicrobiology Journal*, 25, 193-202.

Takashima, C. and Kano, A. (2008) Microbial processes forming daily lamination in a stromatolitic travertine. *Sedimentary Geology*, 208, 114-119.

Takashima, C., Okumura, T., Nishida, S., Koike, H. and Kano, A. (2011) Bacterial symbiosis forming laminated iron-rich deposits in Okuoku-hachikurou hot spring, Akita Prefecture, Japan. *Island Arc*, 20, 294-304.

第5章

# 温泉の水位変化で地殻を診断

柴田智郎

　温泉水の中には，地下の深いところの情報を含んでいるものがあります。たとえば，温泉水に溶けている成分を分析すると，火山から放出されたものやマントルを起源とするものが見つかることがあります。温泉水の成分以外にも地下からの情報を得ることはできます。本章では，温泉の水位変化から地殻の情報を得るための方法を紹介します。

　なお，本章では，科学的正確さを損なわず，専門家以外の人にも読みやすい記載を心がけました。複雑な数式はできるだけ避け，数式も少なくしたため，細かい部分での厳密性が不十分であることは否めません。さらに詳しいことを理解されたい方は，本章末尾に紹介している参考書および参考文献をご覧ください。

## 1　はじめに

　地球上に存在する水を分類したとき，温泉水は地下水に属します。温度が高いこと，溶けている成分やその溶存量などに違いはありま

すが，流動機構や貯留状況などの力学的な振る舞いは地下水と同じです。そこで，はじめに地下水について説明します。

地下水は地下に存在している水全体のことを示します（広義の地下水）。しかし，この中には土粒子に吸着している保有水や地下に浸透して移動している重力水などが含まれます。このため，さらに対象を絞って，地下水面より下部に存在し，地層を飽和している水のことを「狭義の地下水」と呼びます。本章で使用する地下水は，この狭義の地下水を示します。

地下水には，不圧地下水と被圧地下水との2種類があります。不圧地下水は自由面地下水とも呼ばれ，地下水面が存在して，土粒子の間隙を通して大気と接しています。一方，被圧地下水はその上の部分が透水性の低い地層で覆われ，抑えられて（被圧されて）います。そのため，被圧地下水はその圧力が高くなっている場合があります。一般的に，地下の深いところに貯留している温泉水は被圧されているため，井戸を掘ると井戸内を上昇し，地上に湧出することもあります。

## 2 地下水の動き

地下水は土粒子間や岩石の割れ目などの間隙を満たしています。地下水で満たされた地層を帯水層と呼びます。同じ帯水層内の地下水の流動機構や貯留状況は，同じ特徴を示します。

地下水は土粒子間の間隙や岩石の割れ目を縫って移動します。この移動を記述するためには，まず水頭について説明する必要があります。水頭とは，地下水がもつエネルギーを水柱の高さに換算した物理量のことです。このエネルギーには，主に圧力エネルギー，運動エネルギー，位置エネルギーがあり，これらに対応する水頭とし

て，圧力水頭（P/ρg），速度水頭（$u^2/2g$），位置水頭（h）があります。ここで，Pは水圧，ρは水の密度，gは重力加速度，uは流速，hは基準面からの高さを示しています。各水頭の総和を全水頭と呼びます。しかし，通常，帯水層内では地下水の流速が非常に小さいので，運動エネルギーによる速度水頭は無視することができます。

地下水の移動は，地表面上の水の流れとは異なり，水頭の高い方から低い方へと起こります。そのため，移動を把握するためには水頭を測定することが重要になります。全水頭を表わすものに地下水位があります。この水位は，基準面からの地下水面の高さを表わします。たとえば，井戸を掘ったとき，水位は井戸内の地下水面の高さのことです。

Henry Darcyは，1856年に上水道の濾過のために砂を使った実験を行ない，砂中を流れる水の法則を発見しました。それが式（1），（2）で示されるダルシーの法則です。

$$v = \frac{Q}{A} = k \cdot i \qquad (1)$$

$$Q = k \cdot i \cdot A \qquad (2)$$

ここで，vは見かけの流速，Qは流量，iは水頭勾配（水位勾配），Aは断面積，kは比例定数です。ダルシーの法則は，流速が水頭勾配に比例すること，また，流量が水頭勾配と断面積に比例していることを表わしています。なお，この比例定数（k）は透水係数と呼ばれ，透水性の大きさを示します。水頭勾配は浸透距離（Δs）あたりの水頭差（水位差）（Δh）

$$i = \frac{\Delta h}{\Delta s} \qquad (3)$$

を示します。

ところで，ここで示した見かけの流速（v = Q/A）は，これを求めるときに用いた断面積（A）に，土粒子や岩石の部分も含まれているため，本来の流速よりも遅く見積もられています。そこで，真の流速（$v_e$）は，土粒子や岩の部分を除いた隙間の部分（間隙率：n）から算出することができ，土の断面積（A）のかわりに，間隙部分の断面積（nA）を用いて，

$$v_e = \frac{Q}{nA} \tag{4}$$

と表わすことができます。

## 3 地下水位の変動

地下水位は，常に変動しています。変動の主な原因には，①降水や融雪水の浸透，井戸からの汲み上げなどによる地下水の流出入と，②気圧や潮汐の載荷，地震の影響などによる帯水層の変形との2つがあります。本節では，後者の帯水層が変形することによって生じる被圧地下水の水位変化について説明します。

土粒子や岩石などの固体は外力を受けると，それに応じるように固体内に力が発生します。たとえば，外部から，圧縮されるような力が働くと岩石内の個々の粒子間の圧力が増加し，体積が減少します。逆に，伸張されるような力が働くと粒子間の圧力が減少し，体積が増加します。このとき，ある面に働く単位面積あたりの力を，その面に対する応力と呼びます。あるひとつの面に応力が働き物質が変形したとき，その面に対する垂直方向の単位長さあたりの変化のことを歪と呼びます。また，固体全体に応力が働き，変形したときの単位体積あたりの変化のことを体積歪 $\left(\varepsilon = \dfrac{\Delta V}{V}\right)$ と呼びます。

応力が増すと，それに伴って歪も大きくなります。応力を取り除

いたときに元の状態に戻る性質のことを弾性と呼びます。弾性変形のとき，応力と歪は比例します。外部から等方的に働いた全垂直応力の変化（$\Delta\sigma$）と体積歪の変化（$\Delta\varepsilon$）との関係は

$$\Delta\sigma = -K\cdot\Delta\varepsilon \tag{5}$$

となります。このときの比例定数（K）は体積弾性率です。式（5）のマイナスの符号は，正の応力によって，体積が減少することを示しています。なお，応力が増すと，応力を取り除いても元に戻らない状態になることがあります。このような性質を塑性と呼びます。塑性変形になると，式（5）のような関係は成り立たなくなります。

帯水層のように土粒子や岩石の隙間に水が含まれている固体と液体で構成されているような物質では，外力は固体部分の応力と水の圧力とに分配されます。分配された力を，それぞれ有効応力（$\overline{\sigma}$）と間隙水圧（P）と呼びます。そこで，帯水層に対し等方的に働く全垂直応力の変化（$\Delta\sigma$）は，

$$\Delta\sigma = \Delta\overline{\sigma} + \Delta P \tag{6}$$

となります。なお，ここで示している間隙水圧（P）は第2節で述べた水圧と等価です。

帯水層中の地下水の間隙水圧が変化すると，地下水が帯水層から流出入し，式（6）が成り立たない場合があります。しかし，間隙水圧の変化に比べ地下水の移動速度が遅い場合は，水圧が変化している間の地下水質量は一定に保たれます。つまり，帯水層からの水の流出入はないもの（非排水条件）として取り扱うことができます。

非排水条件下での水位変化について考えます。地下水の間隙水圧の変化（$\Delta P$）は，帯水層に対し等方的に働く垂直応力の変化（$\Delta\sigma$）に比例します。つまり，

$$\Delta P = B \cdot \Delta \sigma \tag{7}$$

となります。比例係数（B）は Skempton's 係数と呼ばれるもので，垂直応力変化に対する間隙水圧の変化（$\Delta P$）を表わしています。そこで，式（5）と式（7）を用いると，間隙水圧の変化は，

$$\Delta P = B \cdot (-K_u \cdot \Delta \varepsilon) = -B \cdot K_u \cdot \Delta \varepsilon \tag{8}$$

となり，$K_u$ は非排水条件のもとでの体積弾性率を表わします。さらに，水位変化（$\Delta h$）は，間隙水圧（圧力水頭）の変化（$\Delta P$）から

$$\Delta h = \frac{\Delta P}{\rho \cdot g} \tag{9}$$

と表わすことができ，式（8）と式（9）から水位変化（$\Delta h$）と歪変化の関係は，

$$\Delta h = -\frac{B \cdot K_u}{\rho \cdot g} \cdot \Delta \varepsilon = -W_\varepsilon \cdot \Delta \varepsilon \tag{10}$$

となります。ここで，$W_\varepsilon$ は歪に対する水位の応答係数になります。式（10）の $W_\varepsilon$ は正の値を取り，マイナスの符号は正の歪（伸張歪）変化によって水位が低下することを示しています。

　以上が，応力，歪，間隙水圧，水位の変化の相互関係になります。これらの変化が起きる主な要因は，地表および地中における載荷です。自然界で見られる載荷には，気圧，地球潮汐，海洋潮汐などが知られています。これらは通常，鉛直方向の載荷として働きます。これらの載荷は帯水層を変形し，式（10）で示すような水位変化をもたらします。しかし，この水位変化を議論する場合，①潮汐載荷のように岩石と地下水とに働くものと，②気圧載荷のように岩石と地下水だけでなく，開放井戸の水面にも働くものとの，2つの要因を区別して考える必要があります。そこで，式（6）を

$$1 = \frac{\partial \overline{\sigma}}{\partial \sigma} + \frac{\partial P}{\partial \sigma} \tag{11}$$

のように変形します。すると，第1項の $\frac{\partial \overline{\sigma}}{\partial \sigma}$ は，有効応力の項で岩石部分が支える応力の割合を示します。一方，第2項の $\frac{\partial P}{\partial \sigma}$ は，間隙水圧の項で地下水が支える応力の割合（載荷効率：$\gamma$）を示しています。

気圧変化は，帯水層内の岩石部分と地下水だけでなく，井戸内の地下水面にも直接作用します。そのため，地下水が支える応力は差し引かれ，その結果，気圧変化に伴う水位変化は，第1項の $\frac{\partial \overline{\sigma}}{\partial \sigma}$ で示す岩石部分に働く応力変化のみの変動になります。それを気圧効率（B.E.）と呼びます。そこで，式（11）は，

$$1 = B.E. + \gamma \tag{12}$$

と書き換えることができます。一方，第2項で表わされる載荷効率（$\gamma$）は，鉛直方向の垂直応力（$\sigma_{zz}$）に対する間隙水圧の変化を示しているので，一軸垂直応力の体積弾性率（$K'_u$）を用いると，

$$\gamma = \frac{\partial P}{\partial \sigma_{zz}} = B \frac{K_u}{K'_u} \tag{13}$$

と表わされます。式（10）と式（13）から，水位変化の歪に対する応答係数は，

$$W_\varepsilon = \frac{\gamma \cdot K'_u}{\rho \cdot g} \tag{14}$$

となります。岩石の一軸垂直応力の体積弾性率は，実験室など別の方法でも求められ，水位変化の歪に対する応答係数から求めたものと比較することができます。

## *4* 温泉の水位観測

　ここからは,実際に観測して得られたデータを使って,歪が変化した際,水位がどのように変化するのかを紹介します。なお,詳しい内容はShibata et al.（2010）に記載してあります。

　著者は,以前,北海道内で温泉の水位観測をしてきました。北海道には多くの温泉湧出地があります。火山の近傍や岩盤の割れ目から自然に湧いている温泉もありますが,近年は井戸を掘ることによって温泉を得ることが多くなりました。また,温泉の探査技術や掘削技術の向上に伴い,これまでに温泉がなかった地域や平野部でも深度1000 mを超える掘削ができるようになり,地下の深いところを対象とした温泉が増加しています。このような地下の深いところを対象とした温泉は,被圧されていることが多く,たとえ深い帯水層を対象にしていても,掘削した井戸内を温泉水が上昇し,温泉水の水面は地表面近くにある場合もあります。

　しかし,このように掘削した全ての温泉井戸が利用に適しているわけではありません。中には利用されないものもあります。そこで,利用されていない19か所の温泉井戸で,温泉の水位観測を行ないました。

　温泉の水位観測には,圧力式水位計を使用しました。この水位計は,水圧を測定するもので,その水圧から水面までの距離を算出し,水位を求めることができます。そこで,温泉井戸内の水面下に水位計を固定し,10分間隔で自動的に測定するように設定します。測定したデータは現地に設置したロガーに記録されます。

## 5 地震に伴う水位変化

　地震発生時に温泉の水位が変化することは，古くから知られています（たとえば，Wakita, 1975；Roeloffs, 1996 など）。北海道は北米プレートにあり，東側の太平洋プレートと，西側のユーラシアプレートに接しています。そのため，北海道周辺ではプレート境界を震源とする比較的大きな地震が，繰り返し発生しています。1990 年以降にマグニチュード 7 以上の地震が，6 回発生（1993 年釧路沖地震，1993 年北海道南西沖地震，1994 年北海道東方沖地震，1994 年三陸はるか沖地震，2003 年十勝沖地震，2004 年根室半島沖地震）しています。これらの地震に伴い，北海道内の温泉の水位が変化しています。

　地震に伴う水位の変化は特徴的です。**図 1・A** には，2004 年 11 月 29 日に発生した根室半島沖地震の際に，北海道虻田郡虻田町（現在，洞爺湖町）で観測された水位変化を示しています。地震発生後に，ステップ状の水位低下が見られます。その後も比較的大きな余震が発生すると，ステップ状に低下しています。

　一方，地震波の解析から，地震を引き起こした断層運動のモデルを推定することができます。この断層運動モデルから，地震に伴って周辺地域に生じた地殻歪の変化を見積もることができます。たとえば，2004 年の根室半島沖地震では，水位を観測していた虻田町の観測井戸では $2 \times 10^{-9}$ の伸張歪の変化が生じたことが分かります（**図 1・B**）。

　そこで，1990 年以降に北海道周辺で発生したマグニチュード 7 以上の 6 つの地震について，実際に観測した地震によるステップ状の水位変化とその地点の地殻歪変化との関係を調べました。すると，

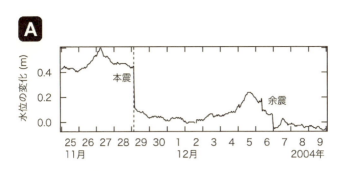

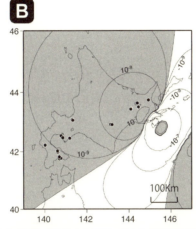

観測に使用した井戸は,震源から約350km離れた北海道虻田郡虻田町(現在,洞爺湖町)にあり,地震発生後にステップ状に水位が約35cm低下しています。その後も比較的大きな余震に対し水位が変化しています。また,この地震の断層運動のモデル(国土地理院ホームページ:http://www.gsi.go.jp/common/000041654.pdf)から,周辺地域の地殻歪の変化を計算することができます。なお,地震の断層面を点線四角で,観測井戸の位置を黒丸で示しています。また,伸張歪場(プラス)を灰色で,圧縮歪場(マイナス)を白色で表示しています。また,コンター線は歪変化の大きさを示します。

**図1 2004年11月29日に根室半島沖地震が発生したときに観測された水位変化(A)と歪変化の分布図(B)**

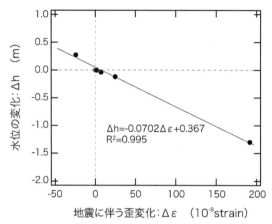

水位変化は歪変化に比例し,その比例係数は歪に対する水位変化の応答係数($W_\varepsilon^{(E)}$)になります。なお,このデータは,北海道帯広市で観測したものです。

**図2 地震に伴う歪変化($\Delta\varepsilon$)と地震に伴い変化した水位($\Delta h$)との関係**

多くの観測井戸で地震による水位変化が地殻歪変化に比例していることが判明し(図2),式(10)に示した歪に対する水位の応答係数($W_\varepsilon^{(E)}$)を求めることができました。しかし,3つの観測井戸では,水位変化が地殻歪変化と比例しないことが分かりました。比例しない原因として,地震の揺れによる一時的な透水係数の変化や帯水層からの地下水の流出入といった非排水条件の不適合などが考えられます。このような現象については,Brodsky et al. (2003) や Masterlark (2003) に詳しく述べられています。

## 6 潮汐と気圧に伴う水位変化

水位は,潮汐や気圧の影響を受けて変化します。図3には,北海道虻田郡洞爺湖町で観測した水位と気圧,計算で得られた観測地点

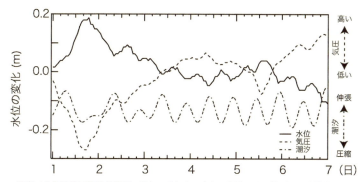

観測は北海道虻田郡洞爺湖町で行ないました。また,潮汐はその場所での計算値です。潮汐が圧縮歪のときは水位が上がり,伸張歪になると水位が下がります。一方,気圧が高くなると水位は下がり,気圧が低くなると水位は上がります。

**図3　水位と潮汐,気圧の変化**

の潮汐の変化を示します。水位は,潮汐が圧縮歪のときに上昇し,伸張歪のときに下降します。一方,気圧は地面だけでなく,井戸内の水面にも同時に作用するので,気圧が高くなると水位は下がり,気圧が低くなると上がります。

この潮汐と気圧による水位への影響を抽出するために,潮汐解析プログラム BAYTAP-G (<u>Bay</u>esian <u>T</u>idal <u>A</u>nalysis <u>P</u>rogram-<u>G</u>rouping Model)(石黒ほか,1988；Tamura et al., 1991)を用いました。このプログラムでは,

$$y_i = \sum_{m=1}^{M} a_m A_m \cos(\omega_m^i + \omega_{m0} + \phi_m) + \sum_{k=0}^{k} b_k x_{i-k} + d_i + \varepsilon_i \tag{15}$$

の式のように,観測データ ($y_i$) をいくつかの項に分けて説明しています。左辺にある水位の観測データ ($y_i$) は,右辺の第3項のドリフト項 ($d_i$)(潮汐と気圧の影響を受けない水位の値),第1項の潮汐成分と第2項の気圧観測データ ($x_i$) による影響の項,不規則

な観測誤差の成分（$\varepsilon_i$）の和で表わされています。この式を用いて，潮汐と気圧に対応する水位の変化量を求めます。

潮汐は地球と月の運動，それらと太陽の位置関係が原因となって起きるため，周期ごとに展開すると各成分（分潮）に分かれ，その中で比較的大きく作用するものに半日周期の $M_2$ 分潮（周期：12.42時間）があります。ここでは，この $M_2$ 分潮の歪変化に伴う水位の応答係数（$W_\varepsilon^{(M2)}$）を算出しました。

一方，気圧に伴う歪変化は分からないので，応答係数は得られませんが，気圧に対する水位の変化量から気圧効率（B. E.）を求めることができます。また，式（12）を用いると載荷効率（$\gamma$）が算出されます。

## 7 歪に対する応答係数

上記のように2つの異なる方法から歪変化に対する水位の応答係数を求めました。この2つの応答係数の違いは，歪変化速度の異なる歪変化に対する水位応答の差を示しています。地震による歪変化は数秒～数分間という短い時間で起きますが，$M_2$ 分潮による潮汐の歪変化は，約半日間かかります。固体からなる物質であれば，応答係数は体積弾性率に対応し，どちらも同じ値になります。しかし，自然界の帯水層は岩石部分の固体とその間隙にある地下水から構成されており，歪変化している間に帯水層からの水が出入りするかどうかについてはよく分かっていません。第5節で記載したように，地震の揺れが原因と思われる水の移動が起きているような水位変化も観測されています。

このような明確な水の移動は見られませんが，得られた応答係数は応力の変化速度によって異なる可能性があります。そこで，第5

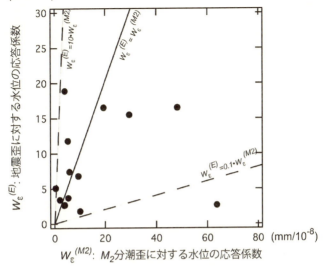

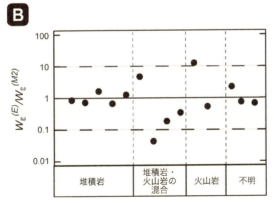

帯水層が堆積岩のみからなっている井戸では2つの応答係数に違いはないですが、帯水層に火山岩が含まれる井戸では、2つの応答係数の差が大きくなります (Shibata et al, 2010 に加筆)。

図4 地震歪と潮汐歪から算出した水位の応答係数 ($W_\varepsilon^{(E)}$ と $W_\varepsilon^{(M2)}$) の関係 (A) と帯水層を構成する地質と応答係数の比 ($W_\varepsilon^{(E)}/W_\varepsilon^{(M2)}$) との関係 (B)

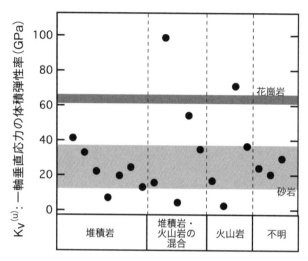

砂岩と花崗岩の値（Wang, 2000）を灰色の帯で示しています。帯水層が堆積岩のみで構成されている井戸では体積弾性率は，砂岩の体積弾性率の範囲に近い値を示していますが，火山岩が含まれるような井戸では，値が大きく異なっているものがあります。（Shibata et al, 2010 に加筆）。

**図5　水位変化から得られた一軸垂直応力の体積弾性率**

節で述べた水の移動が明らかに見られた3つの井戸は除き，2つの方法で求めた応答係数について比べました。今回観測に使用した井戸の中には，帯水層を構成する地層が把握されているものがあり，帯水層を構成している地質により応答係数に違いについても調べることができます。

　図4・A には，地震歪と潮汐歪からそれぞれ算出した応答係数（$W_\varepsilon^{(E)}$ と $W_\varepsilon^{(M2)}$）を，図4・B には，応答係数の比（$W_\varepsilon^{(E)}/W_\varepsilon^{(M2)}$）と帯水層の地質とを対応させて示します。多くの観測井戸での応答係数の比は 0.1 から 10 の範囲にあります。また，帯水層が堆積岩のみからなっている井戸では，2つの応答係数に大きな違いはない

ですが，帯水層に火山岩が含まれる井戸では，一定の傾向は見られないものの，2つの応答係数の差が大きくなります。

歪に対する応答係数を用いると，式（14）から一軸垂直応力の体積弾性率を算出することができます（**図5**）。帯水層が堆積岩で構成されている井戸から見積もった体積弾性率は，堆積岩の主たる構成物である砂岩に近い値を示しています。一方，帯水層に火山岩が含まれるような一部の井戸では，高い値を示し，花崗岩の値に近いものもありました。

## *8* おわりに

本章では，温泉の水位変化に基づいた研究を紹介しました。水位変化は帯水層の間隙水圧を表わしており，地殻の歪変化に応答します。その応答から帯水層の岩石の種類を推測できることを示しました。地殻内には地下水などの流体が存在しており，その間隙水/流体の圧力変化は地震や地すべり，斜面崩壊などを引き起こす原因として考えられています。今回示したような応力，歪，間隙水圧，水位変化の相互関係の理解は重要であり，さらに深まることを期待しています。さらに，温泉の水位変化は温泉水が地表面に湧出するよりも速く情報が伝わるため，地殻の状態変化をこれまでよりも素早く把握することが期待できます。昔から，地震発生や火山噴火の前に温泉水位が変化することが言われますが，将来，それが科学的に示されることができればよいですね。

【**謝辞**】 本章の内容は，著者が北海道立地質研究所（現在：地方独立行政法人　北海道立総合研究機構　環境・地質研究本部　地質研究所）に在籍していたときに行なったもので，所属した地質研究所，共

同で行なった北海道大学大学院理学研究科および附属地震火山研究センター，独立行政法人産業技術総合研究所地質調査総合センターの方々には多大な協力を受けました。また，編者の大沢信二氏と網田和宏氏には貴重な意見をいただきました。これらの方々に感謝いたします。

### ■引用・参照文献

Brodsky, E. E., Roeloffs, E. A., Woodcock, D., Gall, I. and Manga, M. (2003) A mechanism for sustained groundwater pressure changes induced by distant earthquakes. *Journal of Geophysical Research*, 108, doi: 10.1029/2002JB002321.

石黒真木夫・佐藤忠弘・田村良明 (1988)「ベイズモデルによる地球潮汐データ解析」『月刊地球』10, 333-338.

Masterlark, T. (2003) Finite element model predictions of static deformation from dislocation sources in a subduction zone: Sensitivities to homogeneous, isotropic, Poisson-solid, and half-space assumptions. *Journal of Geophysical Research*, 108, doi: 10.1029/2002JB002296.

Roeloffs, E. A. (1996) Poroelastic techniques in the study of earthquake-related hydrologic phenomena. In Dmowska, R., ed., *Advances in Geophysics*, Academic, San Diego, 34, 135-195.

Shibata, T., Matsumoto. N., Akita, F., Okazaki N., Takahashi H. and Ikeda, R. (2010) Linear poroelasticity of groundwater levels from observational records at wells in Hokkaido, Japan. *Tectonophysics*, 483, 305-309.

Tamura, Y., Sato, T., Ooe, M. and Ishiguro, M. (1991) A procedure for tidal analysis with a Bayesian information criterion. *Geophysical Journal International*, 104, 507-516.

Wakita, H. (1975) Water wells as possible indicators of tectonic strain. *Science*, 189, 553-555.

## ■地下水や水位変化に関する参考書および参考文献

秋田藤夫・松本則夫（2001）「北海道内温泉井における4回のM7.5以上の地震直後の地下水位変化— 1993～1994 —」『地震』53, 193-204.

Akita, F. and Matsumoto, N. (2004) Hydrological responses induced by the Tokachi-oki earthquake in 2003 at hot spring wells in Hokkaido, Japan. *Geophysical Research Letters*, 31, doi: 10.1029/2004GL020433.

ドミニコ, P. A.／シュワルツ, F. W.（2005）『地下水の科学 I』（地下水の科学研究会, 大西有三（監訳））株式会社土木工学社, 235pp.

Igarashi, G. and Wakita, H. (1991) Tidal responses and earthquake-related changes in the water level of deep wells. *Journal of Geophysical Research*, 96, 4269-4278.

Jacob, C. E. (1940) On the flow of water in an elastic artesian aquifer. Transactions American Geophysical Union, 21(2), 574-586.

狩野謙一・村田明広（1998）『構造地質学』朝倉書店, 298pp.

小泉尚嗣・北川有一・高橋誠・佐藤努・松本則夫・伊藤久男・桑原保人・長秋雄・佐藤隆司（2002）「2001年芸予地震前後の近畿地方およびその周辺における地下水・地殻歪変化」『地震』55, 119-127.

小泉尚嗣（2013）「地震時および地震後の地下水圧変化」『地学雑誌』122, 159-169.

河野伊一郎（1989）『地下水工学』鹿島出版会, 194pp.

松本晃治・佐藤忠弘・高根澤隆・大江昌嗣（2001）「GOTIC2：海洋荷重潮汐計算プログラム」『測地学会誌』47, 243-248.

Matsumoto, N., Kitagawa, G. and Roeloffs, E. A. (2003) Hydrological response to earthquakes in the Haibara well, central Japan: 1. Groundwater level changes revealed using state space decomposition of atmospheric pressure, rainfall and tidal responses. *Geophysical Journal International*, 155, 885-898.

水村和正（2008）『水文学の基礎』東京電機大学出版局, 209pp.

Okada, Y. (1992) Internal deformation due to shear and tensile faults in a half-space. *Bulletin of the Seismological Society of America*, 82, 1018-1040.

Quilty, E. and Roeloffs, E. A. (1997) Water level changes in response to the December 20, 1994 M4.7 earthquake near Parkfield, California. *Bulletin of the Seismological Society of America*, 87, 310-317.

Roeloffs, E. A. (1998) Persistent water level changes in a well near Parkfield, California, due to local and distant earthquakes. *Journal of Geophysical Research*, 103, 869-889.

Shibata, T., Matsumoto. N., Akita, F., Okazaki N., Takahashi H. and Ikeda, R. (2010) Linear poroelasticity of groundwater levels from observational records at wells in Hokkaido, Japan. *Tectonophysics*, 483, 305-309.

徳永朋祥 (2006)「準静的多孔質弾性論に基づく地盤・岩盤と間隙水の相互作用と地球科学的意義」『地学雑誌』115, 262-278.

Wang, H. F. (2000) *Theory of linear poroelasticity with applications to geomechanics and hydrogeology*. Princeton Univ. Press, Princeton. 287pp.

# 第6章

# 日本のジオプレッシャー型温泉
――新潟県松之山温泉の例――

渡部直喜

## 1 はじめに

　ジオプレッシャー型熱水系は，米国メキシコ湾岸の油田地帯で認識された熱水系です。熱水は海底に泥や砂が堆積する際，厚い堆積物の間隙に閉じ込められた海水に由来します。熱水の貯留層は透水性の高い堆積岩ですが，それらは透水性および熱伝導率の非常に小さい地層（泥岩や頁岩(けつがん)）に厚く覆われています。海底に泥や砂などが堆積するとき，通常は堆積物の荷重の増加に伴って間隙が減少（地層の圧密作用）し，減少した間隙と同じ体積の間隙水が排出されます。このような排水条件のもとでは，圧密作用を被っても間隙水圧は静水圧の勾配にしたがって変化します。貯留層が難透水性の厚い泥岩や頁岩の層に覆われていると，非排水条件になります。この場合，間隙水はうまく排出されず，間隙水圧は静水圧勾配（10.5 kPa/m）に沿う圧力を大きく上回り，岩柱圧勾配（22.6 kPa/m）に近い状態になります。静水圧を大きく上回る異常高圧状態にある熱

水がジオプレッシャー型熱水です。貯留層を覆う厚い泥岩や頁岩をキャップロックと言います。キャップロックの中を移動する流体の速度は1年あたりわずか数mm以下と推定されています（Bethke, 1985; 1986）。メキシコ湾岸のジオプレッシャー型熱水の貯留層温度は概ね50～150℃の範囲にあり、貯留層深度は2000～7000mの範囲にあります。熱水の起源は海水ですので、水質は高い$Na^+$イオンと$Cl^-$イオン濃度で特徴づけられます。また、地層中の有機物の分解によって生成したメタンガスを伴うという特徴もあります。Nicholson (1993) に基づいて、ジオプレッシャー型熱水系の特徴をまとめておきます。

①厚い堆積盆地に発達し、熱伝導率および透水率の低い厚層泥岩をキャップロックとして地下2～7 kmに分布します。
②静水圧を大きく上回る異常高圧を有します。
③熱水の起源は変質した化石海水であり、大量のメタンガスを伴います。
④熱水の温度は通常50～150℃の範囲にあります。
⑤非火山性で、かつ流体による熱移送を伴わない静的な熱水系であり、熱源は貯留層母岩からの熱伝導です。

さて、日本にもジオプレッシャー型熱水はあるのでしょうか。1988～1989年のふるさと創生事業の頃から今日まで、新潟県の丘陵地帯では深さ1000mを超える温泉ボーリングがいくつも掘削されてきました。これらのいくつかが通常の温泉ボーリングと異なるのは、地下水の上昇・湧出域にあたる谷部ではなく、本来、地下水の下降流が卓越する山稜の高所から掘削している点にあります。山稜高所からの掘削にもかかわらず、得られた温泉の多くは自噴泉で

あり，高い水頭圧を有しています。そして，これらの温泉はメタンガスを伴い，高濃度 Na-Cl 型の泉質を示します（たとえば，伊藤ほか，2003; 2004）。大木ほか（1992）は，異常に高い水頭圧を有するこれらの温泉を日本におけるジオプレッシャー型熱水であると指摘しました。

米国のジオプレッシャー型熱水も油田地帯で認識されましたので，日本の場合もまずは油田地帯における石油・天然ガス付随水の性質を概観し，次に新潟県十日町市の松之山温泉を例として高濃度 Na-Cl 型の泉質かつ高い水頭圧を有する温泉を比較・検討してみます。

## 2 新潟県の石油・天然ガス付随水

### (1) 異常高圧貯留層

新潟県には新第三紀中新世〜第四紀の厚い堆積層が分布し，最大で層厚 8000 m にも達します。そして，世界的に見れば小規模ですが，新潟県は日本で有数の油田・天然ガス田地帯のひとつです。古くは『日本書紀』にも「燃える水」として石油の記述があります。本格的な石油開発は明治時代に始まり，戦後の高度経済成長期には各地で石油・天然ガス資源の探査が行なわれました。特に新潟県の丘陵地は地層が凸型に変形して形成された背斜構造と密接に関係するため，石油・天然ガス貯留層の探査を目的とする大深度のボーリング調査が行なわれてきました。石油・天然ガスは主として中新世〜鮮新世の地層に見いだされ，多くの場合，背斜軸に沿って貯留されています。ボーリング調査の結果，図 1 に示すとおり深さ 1000 m 以上の貯留層において，しばしば異常高圧間隙流体（異常高圧貯留層）の存在が知られるようになりました（たとえば，真柄，1966a；1966b）。

田口（1981）は、新潟の油田地帯における異常高圧間隙流体の成因として以下の可能性を提案しています。

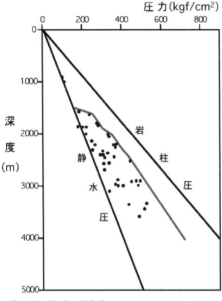

白石（1972）を一部修正。
図1 新潟地域の油・ガス田で認識された異常高圧貯留層

①非排水条件における堆積物の非平衡圧密。
②間隙流体の熱膨張。
③ケロジェン等の有機物からの石油・天然ガスの生成。
④続成作用に伴う粘土鉱物の脱水による水の供給。

実際、異常高圧間隙流体の成因はこれらのいくつかの複合的な作用によると考えられます。詳しくは後述しますが、加藤・梶原（1986）および加藤（1987; 1988）は、石油・天然ガス付随水の塩素イオン濃度と酸素・水素同位体組成に着目し、「④続成作用に伴う粘土鉱物の脱水による水の供給」をもっとも有力な説であるとしています。

(2) 地球化学的成因

加藤・梶原（1986）は新潟地域における石油・天然ガス付随水について、貯留層別の酸素・水素同位体組成を報告しています（図2）。

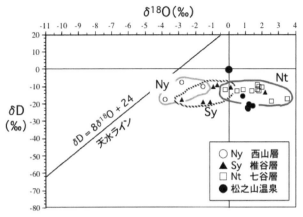

石油・天然ガス付随水のデータは加藤・梶原（1986）による。

**図2　新潟地域の石油・天然ガス付随水および松之山温泉の酸素・水素同位体組成**

全体として酸素同位体比（$\delta^{18}O$値）は $-4\sim+3.5$‰の範囲に分布し，水素同位体比（$\delta D$値）は $-8\sim-20$‰の範囲に分布しています。$\delta^{18}O$値は，古い層準の貯留層ほど大きな値を示す傾向にあります。一般に古い層準ほど堆積物の埋没深度は大きく，続成作用の過程で高い温度・圧力条件を被ったと考えられます。間隙水（海水）は貯留層母岩を構成する鉱物の中で溶解度の大きい鉱物（たとえば，方解石，苦灰石，斜長石）との間で酸素同位体交換反応が生じます。水と鉱物の酸素同位体交換は温度条件に依存しますので，続成作用の進行に伴って間隙水の$\delta^{18}O$値は大きい値に移行したと考えられます。このような例は，メキシコ湾岸のジオプレッシャー地帯でも一般的な現象です（Franks and Forester, 1984; Land, 1984; Land et al., 1987; Loucks et al., 1984; Capuano, 1990など）。

一方，$\delta D$値は貯留層の層準によらず，比較的狭い範囲に集中しています。Capuano（1992）は，メキシコ湾岸のジオプレッシャー

地帯において，地層水（石油・天然ガス付随水を含む）の $\delta D$ 値が水温の上昇に伴って徐々に低下することを指摘しました。0～150℃の範囲において，地層中の粘土鉱物（イライト－スメクタイト）と地層水の間には水素同位体交換反応による $\delta D$ 値の分別（次式）が起こります。

$$1000 \ln \alpha^H_{clay-water} = (-45.3 \times 10^3/T) + 94.7$$

ここで，Tはケルビン温度（°K），$\alpha^H_{clay-water}$ は次の関係から計算できます。

$$\alpha^H_{clay-water} = (1000 + \delta D_{clay})/(1000 + \delta D_{water})$$

地層水の $\delta D$ 値と水温との関係は，水質，粘土鉱物の組成，地層の層準や地層の深度と無関係です。粘土鉱物による流体の膜濾過作用や続成過程におけるスメクタイトからイライトへの相変化も $\delta D$ 値と水温の関係にほとんど影響を与えません。一方で，Hower et al. (1976) や Yeh (1980) によれば，地層水と共存する粘土鉱物の $\delta D$ 値は概ね $-38$～$-37$‰の範囲にあり，温度とは無関係にほぼ一定の値を示します。これは，貯留層における地層水と粘土鉱物の量比と関係があり，地層水に比して粘土鉱物の量が圧倒的に卓越するためと考えられます。地層水の $\delta D$ 値は水温の上昇に伴ってわずかずつ低下する傾向を示しますが，粘土鉱物の卓越する系では，粘土鉱物の $\delta D$ 値はほぼ一定のまま維持されます。粘土鉱物の卓越する系で，その $\delta D$ 値を仮に $-37$‰＝一定とした場合，83～150℃までの温度変化に対応して，共存する地層水の $\delta D$ 値は $-5$‰から $-25$‰まで低下します。

**図3**に石油・天然ガス付随水の塩化物イオン（$Cl^-$）濃度（mg/l）と貯留層の層準との関係（加藤，1987）を示します。西山層の付随水

の Cl⁻ 濃度は，海水の濃度に類似しています。西山層より上位の魚沼層と灰爪層の付随水は海水と天水の混合によって形成されたと考えられます。つまり，両層の Cl⁻ 濃度の変動は，地表から浸透した天水起源の地下水と海水を主とする間隙水が様々な割合で混合することで説明できます。他方，椎谷層，寺泊層および七谷層の付随水も海水よりも低い Cl⁻ 濃度を有しています。しかし，酸素・水素同位体組成（図2）から，Cl⁻ 濃度の低下は海水と天水の混合による希釈では説明できません。これらの付随水は続成作用の進行に伴い粘土鉱物の脱水によって供給される水で希釈され，

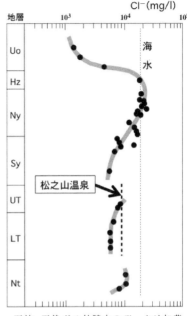

石油・天然ガス付随水のデータは加藤（1987）による。地層名は Uo：魚沼層，Hz：灰爪層，Ny：西山層，Sy：椎谷層，UT：上部寺泊層，LT：下部寺泊層，Nt：七谷層。

**図3　新潟地域の石油・天然ガス付随水の層準別 Cl⁻ 濃度変化**

Cl⁻ 濃度が低下したと考えられます。粘土鉱物を主体とする泥岩層が卓越する寺泊層は，これらの3つの層準の中でもっとも低い Cl⁻ 濃度を示しています。

　この特徴はメキシコ湾岸のジオプレッシャー地帯にも見られ，地層水の Cl⁻ 濃度は新潟の油田・ガス田地帯と同様に海水よりも低い傾向を示します（Jones, 1969; 1980）。

## 3 松之山温泉の特徴

### (1) 地形と地質

新潟県十日町市の松之山地区（図4）の地形は，松之山背斜と呼ばれるドーム状の地質構造に支配されています。ドーム構造は，北東－南西方向に長軸をもつ楕円形をしており，大松山（標高674 m）付近を中心に丘陵を形成し，渋海川，越道川および東川などの河川はドーム構造を取り巻くように概ね北東方向へ流下しています。

松之山ドーム構造周辺の地質は，主に新第三紀の後期中新世の海成堆積岩類で構成されています。これらは，下位から上位に向かって，松之山層（寺泊層相当層），樽田層（寺泊層相当層），須川層（椎谷層相当層）に区分されています。ドーム状の地質構造をなすため，ドームの中心に松之山層，それを取り囲むように外側に向かって樽田層，須川層が分布します（図5）。松之山層は約1000万年～800万年前の含軽石粗粒凝灰岩，樽田層は塊状泥岩および泥岩優勢の砂岩泥岩互層からなり，松之山層と同時異相の関係にあります。本地域では松之山層を覆って分布します。須川層は約600万年～500万年前の塊状泥岩を主体とします。

### (2) 高温の自噴泉

新潟県十日町市の松之山地区は県内有数の地熱地帯であり（高橋ほか，1993），地区内に源泉の井戸は使用停止されたものを含めると12本あります。高濃度Na-Ca-Cl型あるいはNa-Cl型の泉質を示す源泉は9本あり，そのうち8本は58～97℃の泉温を有します。泉温58～97℃（高温グループ）の温泉井戸の掘削深度は170～1300 mであり，明らかに異常な地温増加率を示します。特に，鷹の

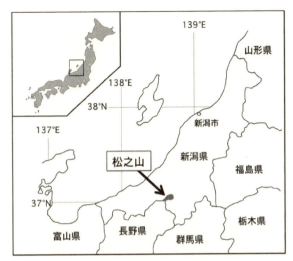

図4　新潟県十日町市松之山地区の位置図

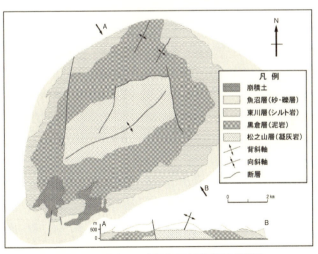

図5　新潟県十日町市松之山地区周辺の地質図

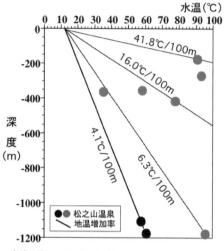

直線は見かけの地温増加率。

図6　松之山温泉の掘削深度と孔口温度の関係

湯1号源泉はわずか170mの掘削深度にもかかわらず、泉温83℃、鷹の湯2号源泉は264mの掘削深度で泉温は95℃にも達します。2007年に掘削した鷹の湯3号源泉（口絵7）は掘削深度1300m、泉温97℃、湧出量600ℓ/分の自噴泉です。この源泉を利用して、2010～2012年度には環境省の地球温暖化対策技術開発等事業「温泉発電システムの開発と実証」と題するバイナリー地熱発電の実証試験も行なわれました。図6は、源泉の温度と掘削深度の関係を表わしています。この地域は近隣に第四紀の火山は存在しませんので、松之山温泉の高温グループの熱源はマグマ活動とは無縁です。非火山性の温泉が比較的高温になる原因として以下の可能性が考えられます。

①透水性の高い断層を通じた深部高温熱水の上昇。
②褶曲した透水性の高い地層内における高温熱水の上方移流。
③高温岩体のテクトニックな上昇。
④高温貫入岩体の余熱。

ここで、高温グループの温泉が成立する原因を温泉の湧出形態か

ら考察してみます。これらの源泉井戸は松之山ドーム構造の背斜軸の近傍に位置する丘陵の頂上付近や中腹で掘削されています。一般に，川床付近や谷部に比べ，丘陵の頂上付近から中腹にかけての場所は地表から水頭までの深さが非常に深く，通常は温泉の自然湧出は見込めません。しかし，松之山の高温グループの温泉は，丘陵の頂上付近から中腹での掘削にもかかわらず，全て自噴しています。このことは，高温グループの温泉がいずれも高い水頭圧を有していること，言い換えれば，温泉の貯留層は静水圧を大きく上回る異常高圧の条件下にあることを示唆しています。前述のとおり，高温グループの源泉井戸は松之山ドーム構造の背斜軸の近傍で掘削されていますので，背斜軸の地下深部にある貯留層が上位と下位を難浸透性の地層（たとえば頁岩や泥岩）に封じられていれば，新潟の油田・ガス田の異常高圧貯留層と類似した条件となり得ます。

### (3) 冷却プロセス

ここで扱う松之山温泉の9つの源泉の孔口温度は35〜97℃の範囲にあり，掘削深度は170〜1300 mに及びます。一般に，温泉の孔口温度の違いは，地下における冷却過程の違いを反映していると考えられます。冷却過程は主に以下の3つに大別され，それぞれの特徴は塩素イオン濃度の変化を指標として記述できます。

①沸騰による冷却：温泉の起源となる熱水が沸騰すると，断熱的冷却が起こります。この場合，分離した水蒸気の損失によって残液は濃縮し，塩素イオン濃度は増加します。
②熱伝導による冷却：温泉水が上昇する過程で，熱伝導によって周囲の低温の岩石に熱が移動して冷却されます。この場合，塩素イオン濃度は変化しません。

③混合・希釈による冷却：一般に，地下水は地熱水より塩素イオン濃度が低く，かつ低温です。温泉水が上昇する過程で地下水と混合すると，温泉水は冷却され，塩素イオン濃度は低下します。

孔口温度と掘削深度の関係（図6）を見ると，見かけの地温増加率が4.1〜41.8℃/100 mの範囲に及んでおり，相関があるようには見えません。一方で，図7のとおり，これらの温泉水の塩素イオン濃度はほぼ一定です。このことは，温泉水の冷却過程が沸騰や低温地下水との混合・希釈によるものではなく，熱伝導のみに支配されていることを示唆しています。

温泉の孔口温度と$\delta^{18}O$値の関係も同様です。温度によらず$\delta^{18}O$値はそれぞれほぼ一定の値を示します（図8）。また，図には示しませんが，$\delta D$値についても$\delta^{18}O$値と同じく，温度によらずほぼ一定の値を示します。これらのことからも温泉水は沸騰や天水起源の低温地下水との混合による冷却を受けていないことが分かります。

ここで，熱伝導による温泉水の冷却過程を考察します。前述のとおり，鷹の湯1号源泉の掘削深度は170 m，孔口温度は83℃，鷹の湯2号源泉の掘削深度は264 m，孔口温度は95℃です。浅層の地下水温を約12℃として計算すると，これらの見かけの地温増加率は31.3〜41.8℃/100 mという異常に高い値を有します。他方，湯山温泉の掘削深度は1170 m，孔口温度は60℃であり，見かけの地温増加率は4.1℃/100 mと計算されます。温泉井戸は狭い範囲にありながら，見かけの地温増加率の変動幅は非常に大きくなっています。その理由は，次のように考えられます。

（ⅰ）各温泉の掘削深度より深い場所に根源的貯留層は存在します。

(ii) 各温泉は根源的貯留層から断層を通じて上昇しています。

(iii) 上昇の過程で周囲の地層によって冷却されます（熱伝導による冷却）。

(iv) 見かけの地温増加率の差違は温泉の上昇速度に起因（断層の透水性の偏りが原因）します。早く上昇すれば，高温になり，ゆっくり上昇すれば周囲の地層によって十分に冷却されます。

(v) 断層の傾斜が高角のため，温泉の湯脈に到達する深度（掘削深度）は井戸の水平距離が近くても大きく変化します。

図9に石油探査で掘削された松之山N-1坑井を含む周辺地域の地質断面図（北西 - 南東方向）を示し

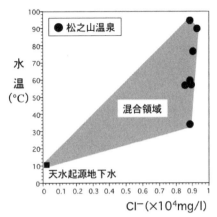

Watanabe（1995）を一部修正。

図7 松之山温泉および松之山地区の天水起源地下水のCl⁻濃度と水温の関係

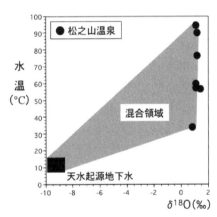

Watanabe（1995）を一部修正。

図8 松之山温泉および松之山地区の天水起源地下水の$\delta^{18}O$（‰）と水温の関係

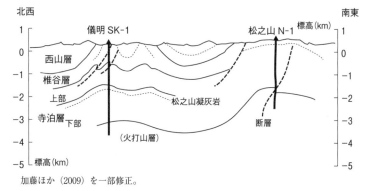

加藤ほか (2009) を一部修正。

**図9 石油探査における儀明SK-1坑井および松之山N-1坑井を含む松之山地区周辺の北西−南東方向の地質断面図**

ます。

　さて，温泉水が根源的貯留層から断層を通じて上昇していることの傍証となる現象があります。松之山地区では規模の大きい地すべり地から高濃度Na-Cl型（$Cl^-$濃度にして1000 mg/l以上）の地下水が報告されています（たとえば，Watanabe, 1995；渡部ほか，1995；1997など）。昭和37年には移動土塊の総面積が800 haにも及ぶ大規模地すべりが発生しました。この地すべりの際もNa-Cl型地下水の湧出が確認されています（牧・富田, 1965）。通常，地下水の$Cl^-$濃度は5～10 mg/l程度です。鉱物中のCl含有量は極めて少ないので，高濃度のNa-Cl型地下水は岩石を構成する鉱物粒子と地下水との反応では形成されません。温暖湿潤の気候条件を考えると，蒸発による$Cl^-$の濃縮も考えられません。さらに，松之山地区は内陸に位置しますので，風送塩の影響も極めて小さいと考えられます。Na-Cl型地下水は松之山地区に限らず，新潟県の地すべり多発地帯における規模の大きい地すべり地に特徴的な水質です。この特異なNa-Cl型地下水の起源は，地下深部のジオプレッシャー型の温泉水

であり，この温泉水が断層や亀裂を通じて浅い帯水層付近まで上昇し，浅い地下水に混入していると考えています（渡部ほか，2009）。

### (3) 地球化学的起源

　水質や酸素・水素安定同位体組成は，温泉水の起源を知る上で重要な指標です。前述のとおり，加藤・梶原（1986）は新潟の石油・ガス田において，各貯留層の地層水（石油・ガス付随水）は水質および酸素・水素同位体組成を用いて区分できることを示しました。松之山温泉の貯留層と考えられる松之山層は後期中新世の地層で，寺泊層に相当します。松之山温泉の$Cl^-$濃度は8592～9500 mg/lの範囲にあり，**図3**における上部寺泊層の地層水の濃度に類似しています。

　松之山温泉の$\delta^{18}O$値と$\delta D$値は，それぞれ+0.86～+1.45‰と-22.54～-15.3‰の範囲にあります。これらは**図2**において，下位の七谷層の地層水の領域と上位の椎谷層の地層水の領域のほぼ中間の組成を示します。寺泊層は泥岩を主体とし，間隙率の高い石油・ガス貯留岩に乏しいため，$\delta^{18}O$値と$\delta D$値のデータは欠けています。しかしながら，$\delta^{18}O$値は下位の地層から上位に向かって連続的に変化（**図2**）することを考慮すると，松之山温泉の貯留層は寺泊層と考えられ，$Cl^-$濃度の結果とも調和的です。

　Wakita and Sano（1983）およびWakita et al.（1990）は，新潟の石油・ガスの坑井からメタンを主成分とする天然ガスを採取し，$^3He/^4He$と$^4He/^{20}Ne$の関係を報告しました（**図10**）。その結果，七谷層由来の天然ガスは非常に高い$^3He/^4He$の比率を有することを明らかにし，石油成因論の無機起源説の証拠となる可能性を論じました。Watanabe（1995）は松之山温泉に付随するガス3試料の$^3He/^4He$と$^4He/^{20}Ne$を示しています。ここでも松之山温泉のガス

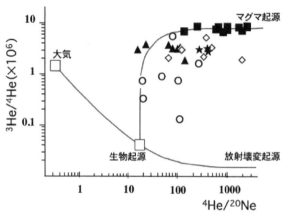

石油付随ガス・天然ガスのデータは Wakita et al. (1990) による。
判例は○：西山層，▲：椎谷層，◇：寺泊層，■：七谷層，★：松之山温泉。

図10　新潟地域の石油付随ガス・天然ガスおよび松之山温泉付随ガスの $^3He/^4He$ と $^4He/^{20}Ne$ の関係

試料は下位の七谷層と上位の椎谷層の領域の間にあり，寺泊層の値に類似しています。このことから，松之山温泉は，$Cl^-$ イオン濃度，酸素・水素同位体組成による結果と同様に，寺泊層が貯留層であると考えられます。

### (4) 根源的貯留層の温度と深度

温泉水の根源的貯留層の温度を泉質（溶存化学種）から見積もるには地化学温度計が有効です。様々な地化学温度計が提案されていますが，それらの原理は，多くの場合，水溶液への鉱物の溶解度の温度依存性，あるいは水溶液 - 鉱物間の陽イオン分配平衡の温度依存性を利用しています。たとえば，$SiO_2$ 温度計は，水溶液への石英やカルセドニーの溶解度を利用した温度計であり，Na-K 温度計や Na-K-Ca 温度計は，水溶液と長石類との間の陽イオン分配平衡を

**表1 地化学温度計による松之山温泉(湯坂温泉)貯留層温度の計算結果**

| 地化学温度計 | 計算結果 | 文献 |
|---|---|---|
| Quartz | 116 ℃ | Fournier (1977) |
| Na-K | 127 ℃ | Fournier (1979) |
| Na-K | 93 ℃ | Arnórsson (1983) |
| Na-K | 116 ℃ | Nieva and Nieva (1987) |
| Na-K | 147 ℃ | Giggenbach (1988) |
| Na-K-Ca | 132 ℃ | Fournier and Truesdell (1973) |
| Mg補正 Na-K-Ca | 121 ℃ | Fournier and Potter (1979) |
| Na-Li | 114 ℃ | Kharaka et al. (1982) |
| Mg-Li | 139 ℃ | Kharaka and Mariner (1989) |

利用した温度計です。これらの地化学温度計を適用するにあたっては,以下の条件を満たしている必要があります。

①イオンを含む溶存化学種の濃度は温度に依存した水溶液-鉱物反応に規制されていること。
②鉱物および溶存化学種の量は十分あり,速やかに化学反応が生じること。
③貯留層における化学反応は平衡に達していること。
④貯留層から湧昇する速度が速く,再平衡に達していないこと。
⑤温泉水は別の起源の水によって混合や希釈を受けていないこと。

松之山温泉の根源的貯留層の温度を見積もるために,ここでは,1994年に掘削された湯坂温泉源泉(口絵8)の泉質データを用いることにします。湯坂温泉の掘削深度は1200 m,孔口での温度は95℃であり,湧出量220 $\ell$/分の自噴泉です。

代表的な地化学温度計による計算結果を**表1**に示します。計算された温度は93〜147℃の範囲に及んでおり，適用にはやや問題のある温度計がありそうです。この点について検討してみます。

　まず $SiO_2$（Quartz）温度計の問題点です。$SiO_2$ の溶解度は圧力に依存することが知られています。$SiO_2$ 温度計は約10 MPa以下の水圧条件において適用可能です。10 MPaの水圧は，静水圧の条件下では，およそ1000 mの水深に相当します。しかしながら，前述のとおり，ジオプレッシャー地帯における貯留層の水圧は静水圧を大きく上回ります。ここで，湯坂温泉の掘削深度は1200 mであり，貯留層の水圧は $SiO_2$ 温度計の適用条件（約10 MPa以下）を大きく上回っている可能性があります。したがって，ここでは $SiO_2$ 温度計による計算結果を採用しないことにします。石英は砂岩・泥岩などの砕屑性堆積岩類の主要構成物ですが，堆積岩類には斜長石やカリ長石をはじめとする様々な種類の準安定な珪酸塩鉱物が含まれます。カリ長石は続成作用の過程では不安定で，たとえば次式のように不均一溶解します。

$$2KAlSi_3O_8 + 2H^+ + 9H_2O \rightarrow 2K^+ + Al_2Si_2O_5(OH)_4 + 4H_4SiO_4$$

カリ長石が分解されると，Si/Al比の小さいアルミノ珪酸塩を形成するため，一部の $SiO_2$ 成分は水に溶解します。他方，続成作用の過程で斜長石が Na-Ca-Cl 型の塩水に溶解するとき，斜長石のCaは塩水の $Na^+$ との置換反応によって，斜長石の曹長石化が進行します。同時に塩水中の $Ca^{2+}$ は増加し，$SiO_2$ は曹長石に取り込まれることで減少します。斜長石の曹長石化の反応を次式に示します。

$$CaAl_2Si_2O_8 + 2Na^+ + 4H_4SiO_4 \rightarrow Ca^{2+} + 2NaAlSi_3O_8 + 8H_2O$$

前述のとおり，松之山温泉は Na-Ca-Cl 型の塩水ですので，このこ

とからも $SiO_2$ 温度計は不適であると言えます。例として典型的なカリ長石の不均質溶解，塩水による斜長石の曹長石化を取り上げましたが，砕屑性堆積岩に含まれる長石類の鉱物組み合わせや粒径，斜長石の化学組成は非常に複雑です。これらの要因から，塩水と長石類の反応は変化に富み，計算結果も 93〜147℃の範囲に及んでいると考えられます。

　それでは，どの温度計が最適なのでしょうか。Land and Macpherson (1992) は，メキシコ湾岸の油田地帯をはじめとする堆積盆地において，掘削孔内の貯留層温度と各種の地化学温度計による計算結果を比較しました。その結果，Li-Mg 温度計による計算結果は孔内温度ともっともよい相関を示し，堆積盆地における貯留層温度の推定に最適であるとしました。Kharaka and Mariner (1989) によれば，Li-Mg 温度計は鉱物適合元素である Mg と不適合元素である Li の濃度比を利用し，経験的に導かれた地化学温度計です。本節でも Mg-Li 温度計による計算結果（139℃）を松之山温泉の根源的貯留層の推定温度として採用することにします。

　次に，根源的貯留層の深度を見積もります。それは地温増加率，浅層の地下水温（ただし，恒温層より深い地下水），根源的貯留層温度の三者の関係から計算できます。東北日本の日本海側の地温増加率は 3〜5℃/100 m の範囲にあるとされています。松之山地域の浅層の地下水温を約 12℃，根源的貯留層の温度を 139℃とすると，根源的貯留層の深度は日本海側の地温増加率を考慮して，2540〜4230 m となります。**図 5** に示されたもっとも低い地熱勾配（4.1℃/100 m）は東北日本の日本海側の地温増加率の範囲にありますので，これを採用すると，根源的貯留層の深度は約 3100 m となります。

　松之山温泉の根源的貯留層における水圧は不明です。しかし，石油探査掘削から得られた各種のデータは参考になります。猪岡

(1991)は松之山地区の近隣で掘削された基礎試錐「高柳」における掘削泥水の比重を報告しています。通常，掘削泥水の比重は，流体を含む地層の圧力（静水圧比）に合わせて調整されます。泥水比重＜静水圧比の場合，掘削が進まないばかりでなく，流体（ガスや水）の噴出の起こる危険性があります。反対に，泥水比重＞静水圧比の場合，泥水によって流体の存在する間隙や亀裂が目詰まりしてしまいます。基礎試錐「高柳」において使用された掘削泥水の比重は，深度 0〜400 m までは比重 1.05〜1.14，400〜1500 m までは比重 1.06〜1.38，1500〜3600 m までは比重 1.35〜1.61，3600〜5000 m までは比重 1.61〜1.56，5000〜6000 m までは比重 1.55〜1.64 でした。地質構造の類似性から，根源的貯留層の深度が約 3100 m であるとした場合，根源的貯留層における松之山温泉の流体圧は静水圧比 1.3〜1.6 の範囲にあると推定されます。

## 4 まとめ

これまで述べてきた内容は以下のように整理できます。

①新潟地域には層厚数千 m に達する堆積盆地が発達しています。松之山温泉の掘削深度は 170〜1300 m，孔口温度は 35〜97 ℃であり，キャップロックは熱伝導率および透水率の低い寺泊層相当層の泥岩です。
②松之山温泉は丘陵の頂上付近や中腹での掘削にもかかわらず，すべて自噴します。高い水頭圧を有し，静水圧を大きく上回る異常高圧に被圧されていると考えられます。
③泉質および酸素・水素同位体組成から，松之山温泉の起源は変質した化石海水であり，大量のメタンガスを伴います。

④温泉の根源的貯留層の温度は Li-Mg 地化学温度計によって 139 ℃ と見積もられます。根源的貯留層の深度は,4.1 ℃ /100 m の地温増加率を考慮すると,地表から約 3100 m の深さにあると推定されます。

⑤周囲に火山はなく,非火山性の温泉であり,熱源は貯留層母岩からの熱伝導です。天水の影響はまったく見られず,化石海水起源の温泉であることから,静的な熱水系と言えます。

以上から,松之山温泉は小規模ながらメキシコ湾岸で認識されたジオプレッシャー型熱水系の特徴を具備しています。松之山温泉のほか,長岡市の麻生田温泉,えちご川口温泉,十日町市の芝峠温泉,上越市安塚区の雪だるま温泉などの強塩泉もジオプレッシャー型温泉と考えられます。

## 5 おわりに

石油探査ボーリングにより異常高圧貯留層の存在が知られている地域は,同時に信濃川地震帯として地震活動の活発な地域でもあります。1965 年に始まった長野県の松代群発地震では地震と地下深部流体の関係が特に注目され,いわゆる「水噴火仮説」が提案されました(たとえば,大竹,1976)。2004 年中越地震の際には,震源域周辺における低比抵抗帯(Uyeshima et al., 2005)・低地震波速度帯(Okada et al., 2005),深さ 5000 m 以浅の低周波地震の存在(防災科学技術研究所,2005)も報告され,地震活動における地下深所の流体の影響を強く示唆しています。他方,前述のとおり,この地域は日本有数の地すべり多発地帯でもあります。この地域の大規模地すべり地の特徴として,高濃度 Na-Cl 型地下水の存在が挙げられます。石

油・ガス田における異常高圧貯留層,ジオプレッシャー型温泉,群発性の地震,大規模地すべりは発現形態の異なる同根の地球科学現象であると推察しています。温泉は地下深部の情報を覗く窓でもありますので,地球科学の広い視点から取り組めば,ますます発展する研究分野であると考えています。

### ■引用・参照文献

Arnórsson, S. (1983) Chemical equilibria in Icelandic geothermal systems: Implications for chemical geothermometry investigations. *Geothermics*, 12, 119-128.

Bethke, C. M. (1985) A numerical model of compaction-driven groundwater flow and heat transfer and its application to the paleohydrology of intracratonic sedimentary basins. *Journal of Geophysical Research*, 90, 6817-6828.

Bethke, C. M. (1986) Hydrologic constraints on the genesis of the upper Mississippi Valley mineral district from Illinois basin brines. *Economic Geology*, 81, 233-249.

防災科学技術研究所(2005)「新潟県中越地震余震活動中に見られる浅部低周波地震」『地震予知連絡会会報』73, 国土地理院, 371-372.

Capuano, R. M. (1990) Hydrochemical constraints on fluid-mineral equilibria during compaction diagenesis of Kerogen-rich geopressured sediments. *Geochimica et Cosmochimica Acta*, 54, 1283-1299.

Capuano, R. M. (1992) The temperature dependence of hydrogen isotope fractionation between clay minerals and water: Evidence from a geopressured system. *Geochimica et Cosmochimica Acta*, 56, 2547-2554.

Fournier, R. O. (1977) Chemical geothermometers and mixing models for geothermal systems. *Geothermics*, 5, 41-50.

Fournier, R. O. (1979) A revised equation for the Na/K geothermometer. *Geothermal Resources Council Transactions*, 3, 221-224.

Fournier, R. O. and Potter, R. W., II. (1979) Magnesium correction to the Na-K-Ca geothermometer. *Geochimica et Cosmochimica Acta*, 43, 1543-1550.

Fournier, R. O. and Truesdell, A. H. (1973) An empirical Na-K-Ca geothermometer for natural waters. *Geochimica et Cosmochimica Acta*, 37, 1255-1275.

Franks, S. G. and Forester, R. W. (1984) Relationships among secondary porosity, pore-fluid chemistry and carbon dioxide, Texas Gulf Coast. *Clastic Diagenesis*, (D. A. McDonald and R. C. Surdam, editors), American Association of Petroleum Geologists Memoirs 37, 15-45.

Giggenbach, W. F. (1988) Geothermal solute equilibria, Derivation of Na-K-Ca-Mg geoindicators. *Geochimica et Cosmochimica Acta*, 52, 2749-2765.

Hower, J., Eslinger, E. V., Hower, M. E. and Perry, E. A. (1976) Mechanism of burial metamorphism of argillaceous sediment: 1. Mineralogical and chemical evidence. *Geological Society of America Bulletin*, 87, 725-737.

猪岡春喜 (1991)「基礎試錐「東頸城」の実績と今後の課題」『石油技術協会誌』56, 422-436.

伊藤俊方・小松原岳史・佐藤修 (2004)「北部フォッサマグナ地域における深層地下水の水質特性」『応用地質』45巻1号, 22-30.

伊藤俊方・佐藤修 (2003)「新潟県下の温泉の特徴―温泉井における孔底温度と湧出温度及び泉質について―」『温泉工学会誌』29巻1号, 1-15.

Jones, P. H. (1969) Hydrodynamics of geopressure in the northern Gulf of Maxico basin. *Journal of Petroleum Technology*, 803-810.

Jones, P. H. (1980) Role of geopressure in the hydrocarbon and water system. *Problems of Petroleum Migration* (W. H. Roberts III and R. J. Cordell, editors), American Association of Petroleum Geologists Studies in Geology 10, 207-216.

加藤進 (1987)「グリーンタフ貯留岩の地層流体―新潟地域グリーンタフ炭化水素鉱床の石油地質的研究 その2―」『石油技術協会誌』52, 413-422.

加藤進 (1988)「グリーンタフ鉱床の特徴―新潟地域グリーンタフ炭化水素鉱床の石油地質学研究 その3―」『石油技術協会誌』53, 131-143.

加藤進・梶原義照 (1986)「新潟地域油・ガス田付随水の水素および酸素の同位体組成」『石油技術協会誌』51, 113-122.

加藤進・早稲田周・西田英毅・岩野裕継 (2009)「新潟県東頸城地域における泥火山および周辺の原油・ガスの地球化学」『地学雑誌』118, 455-471.

Kharaka, Y. K. and Mariner, R. H. (1989) Chemical geothermometers and their application to formation waters from sedimentary basins. *Thermal history of sedimentary basins: Methods and case histories* (N. D. Naeser and T. H. McCulloh, editors). Springer-Verlag, 99-117.

Kharaka, Y. K., Lico, M. S. and Law, L. M. (1982) Chemical geothermometers applied to formation waters, Gulf of Mexico and California basins. *American Association of Petroleum Geologists Bulletin*, 66, 558.

Land, L. S. (1984) Frio sandstone diagenesis, Texas Gulf Coast: A regional isotopic study. *Clastic Diagenesis* (D. A. McDonald and R. C. Surdam, editors), American Association of Petroleum Geologists Memoirs, 37, 15-45.

Land, L. S., Milliken, K. L. and McBride, E. F. (1987) Diagenetic evolution of Cenozoic sandstones, Gulf of Mexico Sedimentary

Basin. *Sedimentary Geology*, 50, 195-225.

Land, L. S. and Macpherson, G. L. (1992) Geothermometry from brine analyses: lessons from the Gulf Coast, U. S. A.. *Applied Geochemistry*, 7, 333-340.

Loucks, R. G., Dodge, M. M. and Galloway, W. E. (1984) Regional controls on diagenesis and reservoir quality in lower tertiary sandstones along the Texas Gulf Coast. *Clastic Diagenesis* (D. A. McDonald and R. C. Surdam, editors), American Association of Petroleum Geologists Memoirs 37, 15-45.

真柄欽次（1966a）「長岡平野の火山岩油層について―特にその異常高圧の原因に関する1考察―」『石油技術協会誌』31, 22-29.

真柄欽次（1966b）「検層データによる油層圧の推定―紫雲寺ガス田における検討―」『石油技術協会誌』31, 266-273.

牧隆正・富田利保（1965）「松之山地すべり地帯陸水の水質特性について」『地すべり』1, 1-7.

Nicholson, K. (1993) *Geothermal Fluids: Chemistry and Exploration Techniques*, Springer-Verlag. 263pp.

Nieva, D. and Nieva, R. (1987) Developments in geothermal energy in Mexico, part 12 - A cationic composition geothermometer for prospection of geothermal resources. *Heat recovery systems and CHP*, 7, 243-258.

大竹政和（1976）「松代地震から10年」『科学』46, 306-313.

Okada, T., Umino, N., Matsuzawa, T., Nakajima, J., Uchida, N., Nakayama, T., Hirahara, S., Sato, T., Hori, S., Kono, T., Yabe, Y., Ariyoshi, K., Gamage, S., Shimizu, J., Suganomata, J., Kita, S., Yui, S., Arao, M., Hondo, S., Mizukami, T., Tsushima, H., Yaginuma, T., Hasegawa, A., Asano, Y., Zhang, H. and Thurber, C. (2005) Aftershock distribution and 3D seismic velocity structure in and around the focal area of the 2004 mid Niigata prefecture earthquake obtained by applying double-difference tomography to dense temporary seismic network data. *Earth, Planets and Space*, 57, 435-440.

大木靖衛・佐藤修・青木滋（1992）「北部フォッサマグナのジオプレッシャー熱水系に起因する地震と地すべり」『月刊地球号外5，松田時彦教授退官記念号―地質学と地震―』海洋出版，121-125.

白石建夫（1972）「新潟地区における掘削障害」『石油技術協会誌』37, 338-339.

田口一雄（1981）「最近における石油の第1次移動に関する諸問題―特に日本新第三紀油田に言及して―」『石油技術協会誌』46, 1-14.

高橋正明・山口靖・野田徹郎・駒澤正夫・村田泰章・玉生志郎（1993）「50万分の1新潟地熱資源図（説明書付き）特殊地質図31-1」『地質調査所』115pp.

Uyeshima, M., Ogawa, Y., Honkura, Y., Koyama, S., Ujihara, N., Mogi, T., Yamaya, Y., Harada, M., Yamaguchi, S., Shiozaki, I., Noguchi, T., Kuwaba, Y., Tanaka, Y., Mochido, Y., Manabe, N., Nishihara, M., Saka, M. and Serizawa, M. (2005) Resistivity imaging across the source region of the 2004 mid-Niigata Prefecture earthquake (M6.8), central Japan. *Earth, Planets and Space*, 57, 441-446.

Wakita, H. and Sano, Y. (1983) $^3$He/$^4$He ratios in $CH_4$-rich natural gases suggest magmatic origin. *Nature*, 305, 792-794.

Wakita, H., Sano, Y., Urabe, A. and Nakamura, Y. (1990) Origin of methane-rich natural gas in Japan: formation of gas fields due to large-scale submarine volcanism. *Applied Geochemistry*, 5, 263-278.

Watanabe, N. (1995) Geochemistry of groundwaters in the Matsunoyama landslides, Niigata Prefecture. PhD thesis of Niigata University, 130pp.

渡部直喜・鷲津史也・大木靖衛・佐藤修（1995）「新潟県松之山地すべり地域の地下水の水質について」『地すべり』32(3), 32-40.

渡部直喜・佐藤壽則・大木靖衛・白石秀一・佐藤修・日下部実

(1997)「第3紀層地すべり地の深層地下水」『土と基礎』32(6), 32-34.

渡部直喜・佐藤壽則・古谷元 (2009)「新潟地域の大規模地すべりと異常高圧熱水系」『地学雑誌』118, 543-563.

Yeh, H. W. (1980) D/H ratios and late-stage dehydration of shales durring burial. *Geochimica et Cosmochimica Acta*, 44, 341-352.

第7章

# 有馬温泉の「金泉」
──金泉はどのようにして地表に現われるか──

西村　進

## 1　まえがき

　有馬温泉は六甲山（神戸市）の北麓の渓流の河畔の限られたところに，含有物の多い金泉と含有物の少ない銀泉があります。金泉はその特異性から温泉化学の研究が多くなされてきており，「有馬型」（松葉谷，2009）として有名になっています。

　1995年の兵庫県南部地震後，市道の全面的な改修工事が計画されて，その工事が既存の泉源に影響を与えるか否かの判断が著者に求められました。その理由は，この阪神大震災の3か月前までの7年間，地震予知計画の研究として，金泉のひとつの有明2号の温泉ガスの変化をガスクロマトグラフで連続観測をしていたことによります。

　地震の年の3月に定年でしたので半年前の秋に観測室を閉じたのでした。この測定が役に立ったのは地震予知のためではなく，地震の前年までの神戸市下水道の工事が有馬川沿いになされ，金泉に影

響が出ないか監視することに役立つこととなりました。

市道の橋梁や道路の改修の影響を知るためには，有馬温泉全体の詳細な温泉胚胎の状態を把握することが必要でした。温泉化学の研究は多くありましたが，有馬温泉の胚胎や湧出の機構の調査・研究は少なく，物理探査を綿密に進めることが必要になりました。

その後に，大資本による温泉場の再開発が計画されて，土木工事が既存泉源に影響を与えるのではないかと地元が心配したことから有馬温泉泉源保護協議会が立ち上げられ，監視業務を先行して始められた中央温泉研究所（益子ほか，2012）とともに，この協議会のもとに監視業務を進めました。

もともと含有成分から金泉の特殊性が注目されていましたが，今回はさらに湧出の機構の詳細を知ることが必要になりました。しかし温泉街は立て込んでいて，充分な測点が取れず，測定できる場所ができる度に測定し，細々とした調査ですが，長く続けることにより，現在やっと充実しました。

またほぼ同時に，南紀白浜の湯崎温泉のなかにある湯崎漁港の浚渫を伴う全面改修がなされることになり，そちらでも有馬温泉と同じ手法で詳細な物理探査・地質調査を綿密に行ないました。その調査やその結果の検討も有馬温泉の胚胎に関する調査に役立ちました。

## 2 有馬温泉の概要

金泉の利用の歴史については記録が多く残されています（たとえば，神戸市立博物館，1998; 有馬温泉観光協会，1999）。これらの文献のところどころから，記載の年代での泉源の状態が推定でき，金泉の歴史を知るために非常に役立つことになりました（西村ほか，2015）。一方で科学的な研究論文は少なく，昭和10年の恩師の初田（1935）で

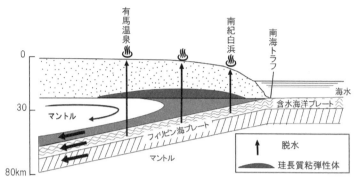

フィリピン海プレートは太平洋プレートに比べて若いので比較的暖かく沈み込みの角度も小さい。また大陸側の下部地殻は日本海生成の時のテクトニックな動きにより一部溶融し，熊野酸性岩で示されるようなマグマとなり，その一部分は完全に固結せず粘弾性体となり現在も存在していると見られる。時々流動性を増し，珪長質貫入岩脈や岩頸として貫入する。その貫入体は冷却しても，地殻ではその周辺に緩み域を生じる。その後の沈みこみのスラブから超臨界の「水」を脱水して上昇し，非火山性の高塩質の流体として上昇し，上部地殻（12 km深度より浅いところ）の断層を経て上昇してくる。「水」の特性により亜臨界熱水性流体になりいろんな元素を溶かし，マントル上部に胚胎する二酸化炭素の浮力の助けもあり，高温の高塩類泉の湧出する。

図1　フィリピン海プレートの南海トラフでの沈み込みのモデル

当時の有馬全体の状況が分かる程度でした。

「金泉」は「有馬型温泉」として，世界中でも特異な温泉として「温泉化学」に着目しての研究が多く考察されてきましたが，温泉化学以外の研究は少ない状態でした（上月，1962; 鶴巻，1993; 松葉谷，2009; 益田，2011）。

一方，紀伊半島では，アルカリ性成分の濃い高温泉が，大きい断層や酸性岩体の周辺や，岩脈や岩頸の周辺に見られています。南紀白浜温泉，竜神温泉，湯の峰温泉，勝浦温泉などがその例で，酸性貫入岩脈・岩頸の周辺に湧出しています。有馬温泉の金泉もこの例のひとつであることが分かりました。

金泉は，その成分や同位体組成から見て，マントルに含まれる成分が含まれているとされ，フィリピン海プレートの沈み込みのスラ

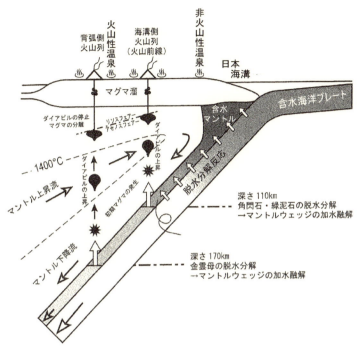

巽（2011）に加筆。日本海溝で沈み込むプレートはフィリピン海プレートとくらべて比較的低温でマントルにもぐりこみ，その角度も45度近く，この概念図（巽，2011に手を加えた）で示されるようにスラブの含水鉱物により決まった深度での脱水によって上昇し，融点を下げ，上部のマントルを部分溶融して流体（マグマ）を生じ，クラックを通じて多量の二酸化炭素を含み上昇し，ソレイアイト玄武岩系，高アルカリソレイアイト岩系，アルカリ玄武岩系の火山列を作り上昇する。その火山活動と呼応して，温泉が湧出している。

**図2　太平洋プレートの日本海溝での沈み込みのモデル**

ブからの脱水を起源とし，その超臨界流体の水が地殻浅部までは超臨界やマイクロバブルの $CO_2$ の助けもあり上昇してきて，地表近くの地下水に希釈されて湧出している温泉であると説明できます（西村，2001; 2004）。最近になって，この考えを支持する多くの研究が活発に行なわれています（たとえば，網田ほか，2005; 風早ほか，2007;

風早,2014; 網田ほか,2014; Kusuda et al., 2014; Nakagawa, et al., 2014)。

　南海トラフに北傾斜で沈み込むフィリピン海プレートの海嶺で生まれた玄武岩が海水で蛇紋岩になり，南海トラフで沈み込み，約30 km深度の圧で蛇紋岩が脱水します。その脱水が南紀の温泉の始まりであるという考えです(図1)。この考えは東北地方の火山のでき方の話から類推して考察したものです(巽,1995；図2)。

　深度30 km程度でスラブ(沈み込む海洋プレート)から脱水・上昇し，地表近くで伏流水に薄められて湧出しているのが紀伊半島の紀伊白浜，竜神，湯の峰などの高温泉と考えています(西村,2001)。有馬の金泉はフィリピン海プレートの北側の約70 kmの上部にあたります。

　高温の強塩類泉である有馬温泉の現在の6金泉は1950〜1955年にほぼ同じ深度まで掘削され，炭酸ガスの力を借り温泉街の中心の約100 m半径の距離内に集中して湧出しています(図3)。このような典型的な金泉としては，神戸市の4泉源(天神，極楽，妬(うわなり)，御所)と神戸電鉄の2泉源(有明1，2)がこれにあたります。

　そのほかには，温度の低い金泉からは比較的多くの炭酸ガスとラドンが湯から遊離するのが観測されていますが，新しい射場山断層沿いには，一番新しい射場山断層沿いの低温で得られる深度の浅いいわゆる銀泉が見られます。

## 3　金泉はどのようにして湧出しているのか

　金泉の湧出は，南海トラフに沈み込むフィリピン海プレートの表層部の脱水の機構と上部への移動の仕方の解明が必要になりました。有馬の金泉の分布はスラブの約70 km深度の深発地震の発生している上方の地表部に位置しています。蛇紋岩からの脱水がこれに当

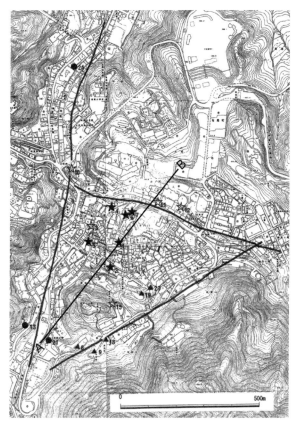

表1に泉源の分類や簡単な泉質などを示している。

有馬温泉では，六甲山の北側の狭い谷筋に，六甲変動に伴い最初の約 200 万年前に始まる日本海拡大の急激な南北圧縮により生じた滝川に沿う南北方向を軸とする鉛直に近い逆断層の割れ目を伴う断層活動に高温・高塩類を含有する温泉として海岸に湧出した。約 60 万年頃から大阪湾が沈下し，六甲山脈が上昇する東西圧縮による変動が急激に進む。現在天神山では約 12 万年前の海岸段丘が海抜 400 m 余に認められる（西村ほか，2015）。明治初期から昭和初期にかけては，海抜 360 m 程度のところに 1 の湯・2 の湯で代表される塩湯が見られた（田中，1895；初田，1935；神戸市立博物館，1998）。1990 年代に入ると有馬の旅館の再開発が盛んになされるようになり，金泉の湧出は止まり，各所にて浅い温泉掘削がなされるようになった。特に 1948～1955 年に当時の神戸市の観光課長上月淳順治と田中試錐により，200 m 程度の掘削で天神，御所，極楽，有明 2，妬，有明 1 の現在の有馬温泉の金泉の代表的な泉源を狭い範囲に得て，現在に至っている（上月，1962）。

この周辺の断層は非常に混乱しており，今回神戸市の 2500 分の 1 の地形図により，この温泉の湧出に絡む断層を，南北の滝川沿いの滝川断層，六甲川沿いの六甲川断層，もっとも活動の新しい射場山断層を定義することができる（西村ほか，2015）。

**図 3　有馬温泉中央部における主な温泉の分布**

表 1　有馬温泉の主要温泉

| 泉源分類 | 泉源番号 | 泉源名 | 温度℃ | 深度 m | 湧出量 L/min | 掘削年 | 泉　質 | 揚水方法 |
|---|---|---|---|---|---|---|---|---|
| 強塩高温泉 ★ | 1 | 妬温泉 | 94 | 185 | 38 | 1955 | 含鉄・ナトリウム塩化物 | ラッパ管 |
|  | 2 | 極楽泉 | 94 | 223 | 14 | 1953 |  |  |
|  | 4 | 天神泉 | 98 | 206 | 38 | 1948 |  |  |
|  | 5 | 御所泉 | 94 | 182 | 38 | 1951 |  |  |
|  | 6 | 有明1号泉 | 90 | 277 | 48.5 | 1955 |  |  |
|  | 7 | 有明2号泉 | 97 | 270 | 63 | 1953 |  |  |
| 中温泉 ☆ | 3 | 銀泉 | 56 | 67 | 13 |  | ナトリウム塩化物 | ラッパ管 |
|  | 10 | 太閤橋 | 54 | 237 | 94.5 |  | 含鉄・ナトリウム塩化物 | エアーリフト |
|  | 11 | ヘルスセンター1号泉 | 63 | 220 | 10 |  | ナトリウム塩化物 | ラッパ管 |
|  | 12 | ヘルスセンター2号泉 | 30 | 330 | 12 |  | ナトリウム塩化物 | エアーリフト |
|  | 15 | 愛宕（簡易保険） | 48 | 300 | 15 |  | 含塩化土類強塩温泉 | — |
| 低温泉 ● | 13 | 月光園2号 | 37 | 164 | 24 |  | 含食塩土類炭酸鉄泉 | 水中ポンプ |
|  | 21 | リッチライフ2号 | 25 | 6 | — |  | 二酸化炭素ナトリウムカルシウム塩化物泉 | くみ上げポンプ |
|  | 24 | 銀水荘 | 29 | 300 | 29 |  | 二酸化炭素ナトリウムカルシウム塩化物泉 | ラッパ管 |
| 単純炭酸泉 ▲ | 8 | 関電炭酸泉 | 15 | 2 | 21 |  | 単純二酸化炭素泉 | 自然湧出 |
|  | 9 | 地緑谷2号 | 17 | — | — |  |  |  |
|  | 18 | 炭鉱泉 | 19 | — | — |  |  |  |
|  | 19 | 泉科学 | 20 | 5 | 89 |  |  |  |
|  | 27 | 炭酸公園 | 19 | 16 | 25 |  |  |  |

所在地は図2に示す。

たります。

　フィリピン海プレートは若いプレートで太平洋プレートに比べてスラブの沈み込み深度も浅く，比較的暖かく，さらに沈み込みの角度も浅くなり，マントルとの関わり方が少ないようです（図1参照）。

　つぎにフィリピン海プレートからの脱水が地殻上部を通り地表まで到達する通り道を解明する必要があります。

　今までに精密な有馬温泉地域地質図が作られていない，その主な理由は，有馬温泉地域の露頭が非常に少なく，それに対して六甲変動の上下変動が大きく，断層も非常に複雑であることによります。私たちは町中で放射能探査をしながら地質構造の調査を綿密に行ない，さらに花崗岩・流紋岩・溶結凝灰岩の分布を綿密に調査するために，精密な重力測定を有馬町全体をカバーするように行ないました。その結果，非常に狭い範囲に負の重力異常の部分があることを検出しました。比重の小さい珪質の岩頸の存在を見つけ出したのです（図4）。その岩頸を囲むように北側に金泉がほぼ真上に上昇し，地表に噴出していることが分かりました。その結果昔から伝説として伝えられる愛宕山ではなく天神山が金泉の湧出と関係があったことが分かりました。

　この手法は，非常に広域な測定ができ，広域の重力異常の傾向を求め，測定値と差し引きして南紀白浜町の湯崎地区内に狭い重力異常の分布を求め，この比重が周りより0.2程度低いブーゲ異常を示す範囲に流紋岩質の岩頸を見つけ出すことができましたが，その岩頸周辺に70℃以上の高温の泉源が分布していることが分かりました（図5）。この経験から有馬では六甲花崗岩の比重が2.7で岩頸の比重は2.2程度で，広域の異常傾向が分からなくとも測点を密にとることで，天神山岩頸の貫入を見つけることができたのです（西村ほか，2015）。

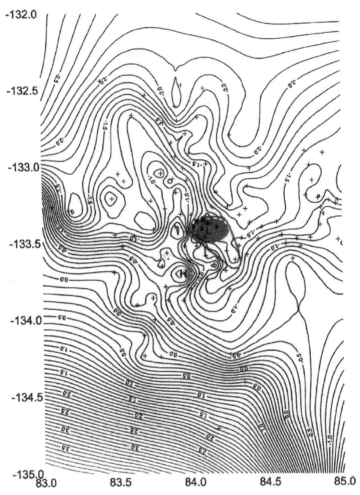

＋印は側点，等ブーゲ以上線は 0.1 mgal ごと，補正密度は 2.67 g/cm$^3$，図枠の数値（km）は平面直角座標（第Ⅴ系）で示している。

黒太線で囲んだ地域は，この中の区域に入れず測点が取れなかったときに推定した岩頸（図 6 参照）の位置で，黒い楕円は後に天神山に 6 測点補充でき，ほぼ正確に推定できた岩頸を示す。これは物理探査などは適当な測点の選択が非常に精度を変える例を示している（桂・西田，2011a）。

**図 4　有馬温泉周辺のブーゲ異常図**

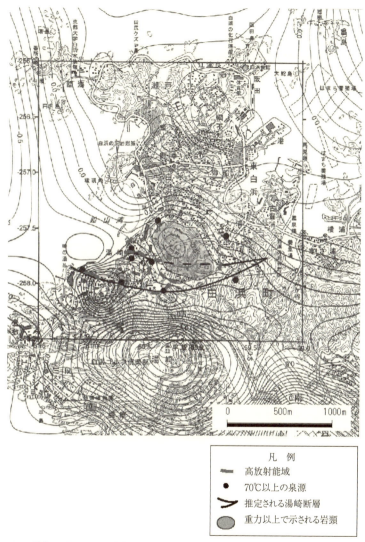

| 凡　例 |
| --- |
| ─── 高放射能域 |
| ● 70℃以上の泉源 |
| ⌒ 推定される湯崎断層 |
| ◯ 重力以上で示される岩頸 |

ブーゲ異常から図4と同じ方法で推定した岩頸と湯崎断層とそれを取り巻く，白浜温泉で70℃以上の自噴泉の位置を示す（桂・西田，2011b）。高温の塩類泉が岩頸の緩み域を通り湧出していることを示している。

**図5　南紀白浜の湯崎温泉でのブーゲ異常図**

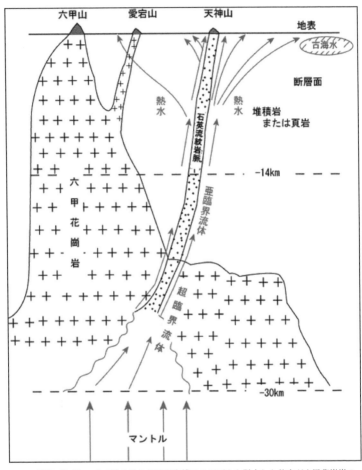

フィリピン海プレートの沈み込みのほぼ先端でスラブから脱水した熱水が六甲花崗岩の北端に貫入してきた硅長質の岩頸の周辺の緩み域を上昇し，断層のある上部地殻に到り，主要部分は天神泉源を中心に地表ではほぼ100m程度内に上昇してきて泉脈が分かれて湧出していることを示している（西村ほか，2015）。

**図6　ある断層面に投影した有馬温泉の湧出の仕方の概念図**

南紀白浜でもこの有馬でも，堆積層を貫いている岩頸周辺の岩石の緩み域のクラック（図8）を通り，地下深部に存在する二酸化炭素を多く含み非常に浅い部分までも二酸化炭素は超臨流体の状態で，超臨界・亜臨界の流体を上昇させていることを検出することができました。

　岩頸の周辺の有馬層群は流紋岩状の溶結凝灰岩が厚く，他の堆積岩は少ないですが，堆積面がほぼ水平であることも分かりました。しかるにCSA-MT法で求めた比抵抗構造の変化の仕方は鉛直に近いことも分かりました（西村ほか，2015）。これは金泉が鉛直方向に上昇していて，地層は水平に近いので金泉は鉛直方向のクラックを通じて上昇しているのでその広がりも小さいということになります。

　前述のように，1960年ごろからの天神山の再開発のための地質ボーリングや奥ノ坊の建て替えのための調査ボーリングで発掘されたことで，天神山の標高390mの面に，昔金泉が貯留していたことを示す透水層が見つかりました。また，太閤秀吉が入浴をしたと推定される極楽寺近接地で発掘された浴槽に注いでいた金泉の自噴孔の標高も，ほぼ同じであることが分かりました。

　某社が天神山の再開発を計画して，N値測定のボーリングをし，その経過を監視していましたが，その結果天神山の構造を再確認することができました。

　現在は1950〜1955年に6本の金泉の掘削が成功し，天神泉源・有明1号泉源あたりに熱水の上昇の中心があり，地表近くに上昇し，ほぼ水平の有馬層群の透水層で水平に広がり，周辺の断層に到達して，断層に沿い下降している構造が見いだされました。天神山の頂部は中位段丘（ほぼ標高400m）であり，十数万年前の海水面と考えられます。六甲変動で上昇し，現在は天神山の頂部の高さまで上昇したことになります。

段丘面から下部は有馬層群の溶結凝灰岩（流紋岩）の不透水層であるので，ひとつのボーリングで流紋岩の中に空洞があり，その中に菱鉄鉱・閃亜鉛鉱の結晶が見つかりました。他のボーリング孔では同じレベルで逸水が多く，その場所に採取時は灰色を示す粘土を挟んでいました。この粘土は一夜で酸化鉄の褐色に酸化します。その層面はほぼ標高 390 m でそろいます。いわゆる六甲変動（藤田，1983）の上昇がほぼ終わったころ現在の地質構造ができあがり，そのとき湧出していた温泉は，地表近くで水平に広がり六甲川沿いの断層や滝川沿い，さらにもっとも新しい射場山断層沿いの断層に到り，断層に沿い下がっていく流れの構造を示唆するものであることが分かりました（図7：西村ほか，2015）。

　金泉が地表近くに湧出していた1の湯，2の湯が，周りの宿坊の近代化に伴う再開発の工事にしたがい，湧出力が悪くなりましたが，当時の神戸市の課長と鑿泉業者の非常な努力により掘削がなされて，極楽・御所・妬・天神・有明1号，2号の深度 130〜150 m ぐらいで優秀な水平の温泉の湯脈に当たり，現在の金泉が得られていると推定できました。

　今まで，100℃を超す温泉の検層はなされていませんでしたが，今回極楽泉源で温度検層をすることができ，このことも確かめられました。

　これらの金泉は水平方向に広がり，六甲川と滝川に沿う活断層，一番若い射場山断層にいたり，これらの断層に沿って垂れ下がり伏流水で薄められて，数百〜千 m 深度の掘削で温泉が得られている有馬温泉の胚胎のモデルを作ることができました。

　滝川断層の神戸市と西宮市の境の近くで，600 m 深度の掘削で，珪長質の岩脈中の上記の6金泉よりも含有成分が濃いが湧出量の少なく，温度が 80℃程度の泉源が見られ，揚湯試験は半日程度の連

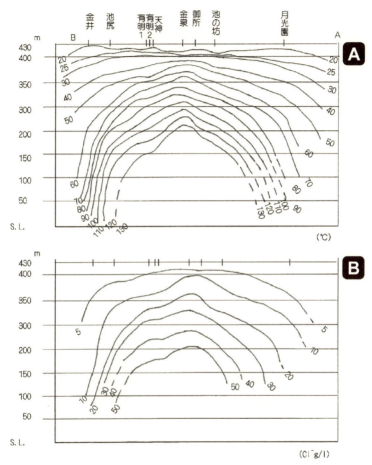

上月 (1962) より作成。その投影面は図2のA—Bで示している。

この図から、有明1号、2号泉源、天神泉源、御所泉源、などの神鉄と神戸市の主要金泉のあたりで深部から熱水が上昇し、海抜250mあたりで地層のクラックで水平に広がり、滝川・六甲川断層で熱水はその温度が下がり、断層沿いに降下していくと推定できる。

**図7 有馬温泉の主要な金泉を掘削された時の温度測定から得た等温線図 (A) と分析された等塩化物濃度線図 (B)**

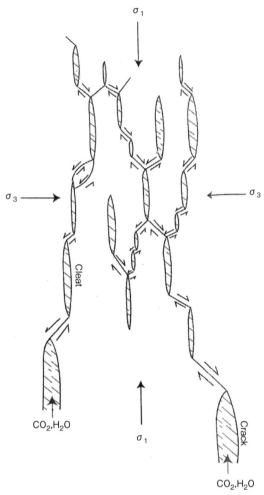

クラックに流体がたまるとその都度，小断層を通じ，適当につながり流体が流れていくモデル。岩頸や断層では上下につながり，地層面のクラックでつながる場合は水平にして考察するとよい。断層や地層面でクラックの多いところで湧泉の圧力の差で流れる。有馬の掘削された泉脈の温度にほとんど変化がないのはクラックを出入りする量がほぼ時間に対して一定に供給されていることを示している。

**図8 温泉などの流体が通るクラックとそのつながりの概念図**

続揚湯を3回ほどしてみたところ，すべて水位低下や回復のパターンが異なるものが見つかりました。これは，このような金泉は断層の酸性岩脈の中のクラックにたまり，同じ条件でも汲む日によりクラックのつながり方が異なることを示唆しています（図8）。

## 4 地球岩圏内の「水」流体の働き
―まとめに代えて―

マントルや地殻内での「水」の働きを明らかにしていくと，地球の進化を正確に解き明かすことになるでしょう。「水」は常温でも氷は水より軽く，4℃の水がもっとも重く，温度を上げていくと「熱水」という流体とさらに温度の上昇により「亜臨界」（熱水）の状態となり，いろいろなものを溶かして性質が変化していきます。さらに「超臨界」状態では液体でも気体でもない流体として地球の核・マントルの境にまで運ばれていくことも分かってきました。

岩石を構成している鉱物は，主として圧力の変化により，脱水するがもっと深くなると鉱物を構成している相の変化により，「水」の出し入れをし，いろいろなところに存在して循環します。これらの働きにより，常に地球は進化しているのです。これらの解明に温泉の研究が非常に役立つと考えます。

### ■引用・参照文献
網田和宏・大沢信二・西村光史・山田誠・三島壮智・風早康平・森川徳敏・平島崇男（2014）「中央構造線沿いに湧出する高塩分泉の起源―プレート脱水流体起源の可能性についての水文化学的検討―」『日本水文科学会誌』44, 17-38.

網田和宏・大沢信二・杜建国・山田誠（2005）「大分平野の深部に賦存される有馬型熱水の起源」『温泉科学』55, 64-77.

有馬温泉観光協会五十周年記念誌編集委員会(1999)『有馬』有馬温泉観光協会.

藤田和夫(1983)『日本の山地形成論―地質学と地形学の間―』蒼樹書房.

初田甚一郎(1935)「有馬温泉の湧出量」『地球』24, 428-438.

桂郁雄・西田潤一(2011a)「有馬温泉地域の重力探査」『自然と環境』13, 40-48.

桂郁雄・西田潤一(2011b)「白浜温泉地域の重力調査」『自然と環境』13, 27-39.

風早康平(2014)「西南日本における温泉水の成因について―スラブ起源深部流体の特徴と分布―」『温泉科学』64, 282-288.

神戸市立博物館編(1998)『有馬の名宝―蘇生と遊興の文化―』神戸市立博物館.

上月順治(1962)『有馬温泉の研究』日本書院.

Kusuda, C., Iwamori, H., Nakamura, H., Kazahaya, K. and Morikawa, N. (2014) Arima hot spring waters as a deep-seated brine from subducting slab, *Earth, Planets and Space*, 66, 119.

益子保・大塚晃弘・高橋孝行(2012)「有馬温泉における泉源保護のためのモニタリング結果と温泉・鉱泉の特徴」『温泉科学』62, 144-167.

益田晴恵(2011)「地球深部の窓―有馬温泉―」『温泉科学』61, 203-221.

松葉谷治(2009)「有馬型温泉とはいかなる定義のものか」『温泉科学』59, 24-35.

Nakamura, H., Fujita, Y., Nakai, S., Yokoyama, T. and Iwamori, H. (2014): Rare Earth Elements and Sr-Nd-Pb Isotopic Analyses of the Arima Hot Spring Waters, Southwest Japan: Implications for Origin of the Arima-type Brine, J. Geol and Geosci. 3, 14.

西村進(2001)「紀伊半島の温泉とその熱源」『温泉科学』51, 98-107.

西村進(2004)「火山活動と温泉とのかかわり合い」西村進編『温泉科

学の最前線』ナカニシヤ出版, 127-138.
西村進・桂郁雄・西田潤一・川崎逸男・城森信豪(2015)「有馬温泉の貯留層について」『温泉科学』65, 14-24.
田中芳男(1895)『有馬温泉全誌』秀英舎.
巽好幸(1995)『沈み込み帯のマグマ学―全マントルダイナミクスに向けて―』東京大学出版会.
巽好幸(2011)『地球の中心で何が起こっているのか―地殻変動のダイナミズムと謎―』幻冬舎.
鶴巻道二(1993)「有馬温泉」『地熱エネルギー』18, 20-32.

● カバー写真の解説
# 阿蘇火山中岳の火口湖「湯溜り」

大沢信二

　カバー写真は，阿蘇火山の中岳第一火口に形成される火口湖「湯溜り」を上空から撮影したものである。直径約 400 m の火口の中に生じる，エメラルド・グリーン色を呈する火口湖の直径は 200 m 程度で，火山活動の静穏期に出現する。火山活動の活発化に伴って消失し，噴火が沈静化すると再生するというサイクリックな変動をくりかえしてきた（たとえば，須藤ほか，1984）。湖水の表面流出は存在せず，降水によって涵養される湖水は，蒸発と漏水によって失われており，しかも流入水のかなりの部分を火山性水蒸気がまかなっているとされる（たとえば，齋藤ほか，2008；Terada et al., 2008；Terada et al., 2012）。湖水はとても酸性が強く，塩化物イオン（Cl），硫酸イオン（$SO_4$），ナトリウム・イオン（Na）や鉄イオン（Fe）などの多量の溶存成分を含む（表1）。このような水質は，湖水が塩化水素（HCl）や二酸化硫黄（$SO_2$）を含む湖底に噴出する火山ガス（その存在は湖水が干上がったときに確認できる）と相互作用を起こしていることを示唆している。また，湖水は 40 ℃ より高い水温を維持する傾向があり，他の火口湖ではあまり見られない際立った特徴のひとつとなっている。さしずめ，"閻魔大王の地獄の露天風呂"といったところであろうか。

　湯溜りのような火口湖を有する火山は全世界で 30 座ほど存在すると言われている（高野，2001）。いくつか例を挙げると，我が国の草津白根火山の「湯釜」，ルアペフ火山（ニュージーランド）の「ク

表1 火口湖「湯溜り」の水質

| 試料水採取日 | 2000年8月4日 | 2003年4月22日 | 2003年8月4日 | 2007年3月28日 | 2007年7月26日 | 2008年7月8日 |
|---|---|---|---|---|---|---|
| 表面水温（℃） | 55 | 71 | 90 | 56 | 65 | 71.6 |
| pH | 0.81 | −0.72 | −0.56 | 0.30 | 0.39 | 0.43 |
| Na（mg/L） | 1740 | 5810 | 6820 | 1700 | 1700 | 2410 |
| K（mg/L） | 700 | 2460 | 3370 | 494 | 557 | 903 |
| Ca（mg/L） | 2190 | 1360 | 1130 | 1250 | 1400 | 1810 |
| Mg（mg/L） | 1760 | 7720 | 8460 | 1790 | 2310 | 3010 |
| Al（mg/L） | 5510 | 19300 | 17500 | 2600 | 2600 | 6880 |
| 全Fe*（mg/L） | 4050 | 16000 | 17800 | 3010 | 3160 | 4920 |
| Cl（mg/L） | 28600 | 112000 | 120000 | 20000 | 21400 | 38000 |
| $SO_4$（mg/L） | 43700 | 103000 | 108000 | 24600 | 28000 | 59700 |
| F（mg/L） | 2350 | 12000 | 12100 | 2400 | 2700 | 5790 |
| $SiO_2$（mg/L） | 430 | 774 | 954 | 292 | 318 | 363 |

＊全Fe ＝ $Fe^{2+} + Fe^{3+}$
（注）2007年3月28日は2試料の平均値，2007年7月26日は3試料の平均値。2008年7月8日はMiyabuchi and Terada（2009）より引用。

レーターレイク」，ポアス火山（コスタリカ）の「ラグナカリエンテ」があり，どれも似たような外観や物理・化学的性質を示す。そのような火口湖を「活動的火口湖（active crater lake）」と呼ぶことがある。それは，火山活動を反映して水温，水位，化学組成に著しい変動が見られるためであり，そのような性質を逆手にとって，噴火の予知や火山活動の監視に利用しようとする試みも多数行なわれており，この湯溜りでは湖水の色を用いたユニークな研究が行なわれた（Ohsawa et al., 2010）。

湯溜りが存在する阿蘇火山中岳の第一火口は，図1の地形図にも表われているように火口内の地形が急峻で（火口の縁から湯溜りの湖面まで100 mほどの落差がある！），しかも火口内南壁の高温噴

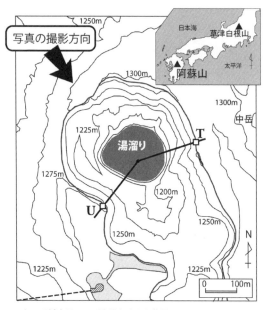

UとTは採水用ロープを繰り出した位置。

**図1 阿蘇火山中岳第一火口および周辺の地形図**

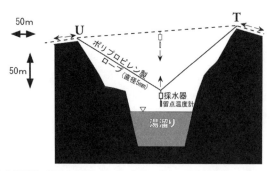

湖水採取と水温計測の概要を表わした。湖の深さに関する正確な情報はないが，2007年頃に行なわれた湖面標高の測量結果（齋藤ほか，2008）からは最大でも20 mを超えないことが予想され，意外と浅い。

**図2 図1のU-T断面の概略図**

気孔からは有毒な $SO_2$ ガスが激しく噴出しているために、湖畔へのアプローチは不可能であり、湖水を直接採取することは困難である。よって、湯溜りにおける湖水採取を伴う物質科学的な側面の研究は、小坂ほか (1984) 以降まったく行なわれていなかったが、荷造り用ロープと耐酸性の手作り採水容器を使った方法によって湖水試料を比較的容易に採取することができることが分かると (図2)、堰を切ったように研究が進み (大沢ほか, 2003；恩田ほか, 2003；齋藤ほか, 2008；Saito et al., 2007；Saito and Ohsawa, 2008；齋藤・大沢, 2008；寺田・吉川, 2009；Terada et al., 2008；Miyabuchi and Terada, 2009；Ohsawa et al., 2010, 大沢ほか, 2012)、それまで不明な点あるいは推測の域にとどまっていたことが次々と明らかにされた。

湯溜りのような活動的火口湖は、火山学や地球化学の研究対象にとどまらず、水文学、鉱床学、微生物学などの見地からも研究されており、世界各地の活動的火口湖に関した研究論文は枚挙にいとまがない (たとえば, Geochemical Journal Vol. 28, No. 3 〔1994〕およびJournal of Volcanology and Geothermal Research Vol. 97 〔2000〕の Crater Lake の特集号)。幸い日本語で書かれた解説文があり (高野, 1996；高野, 2001)、PDFでインターネットからダウンロードできるので、関心のある読者は読んでいただきたい。

### ■引用・参照文献

Miyabuchi, Y. and Terada, A. (2009) Subaqueous geothermal activity revealed by lacustrine sediments of the acidic Nakadake crater lake, Aso Volcano, Japan. *J. Volcanol. Geotherm. Res.*, 187, 140-145.

大沢信二・齋藤武士・下林典正 (2012)「阿蘇火山中岳の火口湖「湯溜り」の湖底溶融硫黄について」『月刊地球 特集号：阿蘇火山の微小噴火活動』34(11), 685-690.

Ohsawa, S., Saito, T., Yoshikawa, S., Mawatari, H., Yamada, M., Amita, K., Takamatsu, N., Sudo, Y. and Kagiyama, T. (2010) Color change of lake water at the active crater lake of Aso volcano, Yudamari, Japan: is it in response to change in water quality induced by volcanic activity?, *Limnology*, 11, 207-215.

大沢信二・須藤靖明・馬渡秀夫・下田玄・宇津木 充・網田和宏・吉川慎・山田誠・岩倉一敏・恩田裕二（2003）「阿蘇火山の火口湖「湯溜り」の地球化学的性質」『九大地熱・火山研究報告』12, 62-65.

恩田祐二・大沢信二・高松信樹（2003）「活動的強酸性火口湖の呈色因子に関する色彩学的・地球化学的研究」『陸水学雑誌』64, 1-10.

小坂丈予・平林順一・小沢竹二郎（1984）「阿蘇火山の地球化学的観測」『阿蘇火山の集中総合観測（第2回）報告』82-84.

齋藤武士・大沢信二・橋本武志・寺田暁彦・吉川慎・大倉敬宏（2008）「阿蘇火山湯だまりの水・熱・塩化物収支」『日本地熱学会誌』30, 107-120.

Saito, T., Ohsawa, S., Amita, K., Inoue, H., Kagiyama, T., Mawatari, H., Ohkura, T., Sakaguchi, H., Shimobayashi, N., Sudo, Y., Sugimoto, T., Terada, A., Utsugi, M., Yamada, M., Yoshikawa, M. and Yoshikawa, S.（2007）Chemical features of the lake water and floating sulfur from Yudamari crater lake, Aso volcano, Japan. Abstracts Volume of International Conference of Cities on Volcanoes 5, Shimabara, Japan, 12-P-54.

Saito, T. and Ohsawa, S.（2008）Chemical features of the crater lake at Aso Volcano, Japan. IAVCEI 2008 General assembly, Reykjavik（Iceland）, August.

齋藤武士・大沢信二（2008）「阿蘇火山中岳火口湯だまりの水質から探るマグマ性ガスの特徴」日本地球化学会2008年度年会，東京，9月．

須藤靖明・山田年広・西潔・井口正人・高山鉄朗（1984）「阿蘇火山中岳火口内の熱的調査―地上赤外熱映像装置による観測―」『阿蘇火山の集中総合観測（第2回）報告』57-64.

高野穆一郎 (2001)「活動的火口湖の地球科学」『温泉科学』50, 161-182.

高野穆一郎 (1996)「カムチャッカの火口湖に硫黄の動きを探る―Maly Semiachik 火山の調査―」『地質ニュース』8月号, No. 504, 40-47.

Terada, A., Hashimoto, T. and Kagiyama, T. (2012) A water flow model of the active crater lake at Aso volcano, Japan: fluctuations of magmatic gas and groundwater fluxes from the underlying hydrothermal system. *Bull. Volcanol.*, 74, 641-655.

Terada, A., Hashimoto, T., Kagiyama, T. and Sasaki, H. (2008) Precise remote-monitoring technique of water volume and temperature of a crater lake in Aso volcano, Japan: Implications for a sensitive window of a volcanic hydrothermal system. *Earth, Planets and Space*, 60, 705-710.

寺田暁彦・吉川慎 (2009)「接近困難な強酸性火口湖における観測技術―水温モニタリング・湖水および湖底泥の採取―」『日本地熱学会誌』31, 117-128.

# あとがき

　『温泉科学の最前線』（2004年），『温泉科学の新展開』（2006年）をナカニシヤ出版にお願いして出版した時の気運から，温泉に興味のある研究を紹介する出版物が次々と続くものと考えていました。日本温泉科学会の化学系地学系の研究者が「温泉の研究の面白さ」に入り込み，すぐ論文にならなくても興味のある研究であれば，研究が完結しなくても出版するのではと考えていました。自由に自分の研究の展開を普及版にまとめ出版することは大切と考えている研究者が多いと考えていたのです。しかし，現役の研究者は事務的な雑用が非常に多くなってきて，学会での発表がやっとの状態で，とくに締め切りのないものは後回しにしているのか，私たちの目論見は続きませんでした。

　新しい温泉に関する研究の学会誌の投稿，学会の発表だけになっていました。私自身もう限界に近く考え，大沢信二さんに数名の研究者に声をかけていただき，多忙は承知の上で温泉に関して興味のある面白い考えでよいので，まとめていただくことを提案しました。早い方は2年も前に脱稿されたのに，私を含め数名は書き上げるのが遅く，最後にそろったのが昨年でした。それを編者大沢さんが「まえがき」で書かれているように，ある程度まとまったものとしようと苦労されましたが，なかなかまとまりませんでした。

　以前の出版と同じように自由にまとめて，出版するのも一案であると考え，とくに若手の研究を発展させることができればよいのではと考えました。学会の活動が活発になり，自主出版をも進めてい

こうとも考えました。

　このもたもたしている間に，温泉科学会の会員の多くの方が参加されて，北海道大学名誉教授阿岸祐幸先生を代表として，『温泉の百科事典』(丸善出版) が2012年に出版されました。また，佐々木信行先生 (香川大学教育学部教授) の『温泉の科学―温泉を10倍楽しむための基礎知識―』(サイエンス・アイ新書5，2013年) が出版されました。温泉についての普及はこれらの出版で努力されていますのでそれに頼るとして，ここに集めましたのは研究者がいろんなことを考えていることを知っていただき，特に一般の読者の方々が日本温泉学会の自由な研究展開に参加していただければ幸いと考えました。読者の方が興味を持ち，書かれていることをもっと深く知りたいときは，著者に直接当たられてもよく，編者に問い合わせていただいてもと考えています。またその機会は持ちたいと思います。

　温泉で分からないことは非常に多く，毎日悩まされている研究者を活用して議論していただいて，共に温泉に入浴したりして，その温泉がどのようなことを知らせてくれるのかを考えられてはいかがでしょうか。一年に一度日本温泉科学会の大会が主として温泉場で開かれ，一般にも公開で開催されていますので参加していただき，エクスカーションにも参加されるのも歓迎いたします。

　編集の都合で，西村が参加していますが，大沢さんと若手の研究者網田和宏さんの努力で出版に踏み切りました。

　最後になりましたが，ナカニシヤ出版の方々特に石崎雄高さんの大変なお世話に感謝いたします。

西村　進

■執筆者紹介 (執筆順，＊印は編者)

＊大沢信二 (おおさわ・しんじ)

1960年生まれ。東京大学大学院理学系研究科化学専攻博士課程修了。博士（理学）。京都大学大学院理学研究科附属地球熱学研究施設教授（地熱流体論研究分野）で，研究施設長を兼務。専門は地球流体化学で，地球の水を物質科学的に調べ，その起源や成分の由来などを探る研究をしている。著作：『温泉科学の新展開』〔編著〕（ナカニシヤ出版，2006年），『海は百面相』〔共著〕（京都通信社，2013年），"Color change of lake water at the active crater lake of Aso volcano, Yudamari, Japan: is it in response to change in water quality induced by volcanic activity?" *Limnology*, Vol.11（2010年），他。

〔担当〕まえがき，第1章，カバー写真の解説

網田和宏 (あみた・かずひろ)

1973年生まれ。京都大学大学院理学研究科地球惑星科学専攻博士課程修了。博士（理学）。秋田大学大学院理工学研究科附属理工学研究センター助教。地下水・地熱水・火山ガスの地球化学的研究，地下の電気的な性質に関する研究など。著作：『温泉科学の新展開』〔共著〕（ナカニシヤ出版，2006年），「大分平野の深部に賦存される有馬型熱水の起源」〔共著〕（『温泉科学』55巻2号，2005年），「九重硫黄山噴気地域から放出されるマグマ性ガスへの空気及び地下の水の混合過程」（『日本地熱学会誌』25巻4号，2003年），他。

〔担当〕第2章

板寺一洋 (いたでら・かずひろ)

1965年生まれ。筑波大学大学院地球科学研究科前期課程修了。理学修士。神奈川県温泉地学研究所研究課長。専門は水文学，温泉資源保護の観点から温泉の三要素「温度，成分，水」の由来についての研究に取り組む。著作：「温泉資源の実態」（『水環境学会誌』28巻9号，2005年），「酸素同位体比および主要アニオンから見た箱根強羅温泉水の成因」〔共著〕（『温泉科学』60巻4号，2011年），「神奈川県の大深度温泉水の起源」〔共著〕（『温泉科学』59巻4号，2010年），他。

〔担当〕第3章

髙島千鶴 (たかしま・ちづる)

1979年生まれ。広島大学大学院理学研究科地球惑星システム学専攻博士課程後期修了。博士（理学）。佐賀大学教育学部准教授。太古の地球環境復元を目指した熱水環境の地球生命科学的研究。著作："Bacterial symbiosis forming laminated iron-rich deposits in Okuoku-hachikurou hot spring, Akita Prefecture, Japan"〔共著〕*Island Arc*, 20（2011年），"Geochemical characteristics of carbonate hot-springs in Japan"〔共著〕*Bulletin of the Graduate School of Social and Cultural Studies, Kyushu University*, 16（2010年），"Microbial processes forming daily lamination in a stromatolitic travertine"〔共著〕*Sedimentary Geology*, 208（2008年），他。

〔担当〕第4章

柴田智郎（しばた・ともお）

1968年生まれ。大阪大学大学院理学研究科物理学専攻博士後期課程修了。博士（理学）。京都大学大学院理学研究科附属地球熱学研究施設准教授。地下水の変動や，熱水の起源や成因・貯留・流動を研究。著作："Inferring origin of mercury inclusions in quartz by multifractal analysis"〔共著〕*Nonlin. Processes Geophys.*, 22（2015年），"Linear poroelasticity of groundwater levels from observational records at wells in Hokkaido, Japan"〔共著〕*Tectonophysics*, 483（2010年），"Hydrological and geothermal change related to volcanic activity of Usu volcano, Japan"〔共著〕*Journal of Volcanology and Geothermal Research*, 173（2008年），他。
〔担当〕第5章

渡部直喜（わたなべ・なおき）

1965年生まれ。新潟大学大学院自然科学研究科環境科学専攻博士課程修了。博士（理学）。新潟大学災害・復興科学研究所准教授。専門は水文地質学・応用地質学。主に地球化学的手法を用いて，地すべり・土石流発生域や活断層近傍の地下水の挙動を研究。著作："Layered internal structure and breaching risk assessment of the Higashi-Takezawa landslide dam in Niigata, Japan"〔共著〕*Geomorphology*, 267（2016年），「新潟地域の大規模地すべりと異常高圧熱水系」〔共著〕（『地学雑誌』118巻3号，2009年），"Hydrogeochemistry and environmental oxygen isotopes of groundwaters from the Muikamachi Basin, Niigata Prefecture, Central Japan"〔共著〕（『水文・水資源学会誌』18巻2号，2005年），他。
〔担当〕第6章

＊西村　進（にしむら・すすむ）

1932年生まれ。京都大学大学院理学研究科博士課程修了。京都大学名誉教授。特定非営利活動法人シンクタンク京都自然史研究所理事長。温泉の探査，放射性廃棄物地層処分の研究，二酸化炭素の炭層貯留の安定性の研究など。著作：『温泉科学の最前線』〔編著〕（ナカニシヤ出版，2004年），*Physical Geology of Central and Southern part of Korea*（1985年），*Physical Geology of Indonesian Island Arcs*（1980年），他。
〔担当〕第7章，あとがき

温泉と地球科学
――温泉を通して読み解く地球の営み――

2016 年 9 月 30 日　初版第 1 刷発行

編　者　　大沢信二
　　　　　西村　進
発行者　　中西健夫

発行所　株式会社　ナカニシヤ出版

〒606-8161　京都市左京区一乗寺木ノ本町 15
　　　　　TEL　(075)723-0111
　　　　　FAX　(075)723-0095
　　　　　http://www.nakanishiya.co.jp/

© Shinji OHSAWA 2016（代表）　　印刷・製本／創栄図書印刷
＊落丁・乱丁本はお取り替え致します。
ISBN978-4-7795-1094-6　　Printed in Japan

◆本書のコピー，スキャン，デジタル化等の無断複製は著作権法上での例外を除き禁じられています。本書を代行業者等の第三者に依頼してスキャンやデジタル化することはたとえ個人や家庭内での利用であっても著作権法上認められておりません。

## 近代ツーリズムと温泉

関戸明子 【叢書 地球発見7】

鉄道網の整備や、メディアによる観光情報、余暇の誕生など、近代化の流れの中で拡大する温泉ツーリズム。温泉厚生運動やメディアイベントが繰り広げられ、激変する温泉地を描き出す。 一九〇〇円+税

## これからの日本の森林づくり
### 四手井綱英が語る

四手井綱英

これからの日本の、あるべき「もり」や「はやし」の姿とはどのようなものか？ それらはどうつくっていくのか？ 森林生態学の先駆者、四手井綱英が未来に向けて遺した貴重な提言。 一七〇〇円+税

## 世界遺産 春日山原始林
――照葉樹林とシカをめぐる生態と文化――

前迫ゆり 編著

世界遺産・春日山照葉樹林が、天然記念物・奈良のシカの影響で崩壊と共生の岐路にたっている。斯界の重鎮と研究家たちが、春日山の森林の過去と現在を語り、未来につなぐ方策を考える。 二五〇〇円+税

表示は二〇一六年九月現在の価格です。